"VOIX DE LA TERRE"
REPENSER NOTRE RELATION AUX VIVANTS

"Apprendre à être Terre, pour apprendre à être Soi. Voilà l'essentiel de notre cosmophilosophie." Cette parole de sagesse d'un homme-médecine mapuche dévoile une vision subtile du lien essentiel qui relie profondément l'humain à la communauté des vivants.

"Voix de la Terre" est une collection de récits de savoir-être et de savoir-vivre qui voyage dans les profondeurs d'une humanité aux mille et un visages, une humanité en relation avec tous les vivants, dans la multitude des mondes, visibles et invisibles, ici au plus près ou là-bas, à l'autre bout du globe. Une Terre où des femmes et des hommes vivent en lien profond avec l'eau, la terre, l'air, le feu, le minéral, le végétal, l'animal, le céleste, les esprits, les ancêtres, en dialogues fertiles avec l'ensemble des vivants, quelle que soit leur essence.

Car ces femmes et ces hommes ne l'ont jamais oublié ou le redécouvrent avec émerveillement : nos vies dépendent d'innombrables entités. Ils nous éclairent sur d'autres manières de vivre, ouvrant ainsi de nouveaux horizons de conscience.

Dans la faillite généralisée de sens où notre monde se coupe de ses racines vivantes, épuisant les ressources premières, en proie à l'avidité de l'*ego*logie au détriment de l'écologie, pillant la Maison Terre, il est urgent de donner la parole à celles et ceux qui (r)éveillent d'autres voies, des voix qui portent les lueurs d'un chemin où l'humanité se reconnecte à la source de sa nature profonde : terre-ê(s)tre.

LES VIES AUTONOMES, UNE ENQUÊTE POÉTIQUE

Aux guides et soutiens de ce livre : Hugo Azérad, Nathalie Blanc, Joanne Clavel, Cyril Dion, Joris Drylewicz, Stéphane Durand, Christian Hanser, Claire Lozier, Nigel Saint.

À toutes les maisons qui se mangent dont, comme Hansel et Gretel, je me suis nourrie.
À celles et ceux qui m'ont accueillie chez eux et ont partagé avec moi de petits bouts de leur vie.
À ma mère, Manuelle, qui incarne si bien cette poésie au creux des choses que j'ai tenté de toucher du doigt.
À la grande araignée du monde qui, dans la joie, les tumultes et le fracas, continue de tisser, sans bruit.

Collection dirigée par Sabah Rahmani.

ISBN 978-2-330-16032-6

CLARA
BRETEAU

LES VIES AUTONOMES, UNE ENQUÊTE POÉTIQUE

Préface de Camille de Toledo

Illustrations de Lauriane Miara

Voix de la Terre
ACTES SUD

SOMMAIRE

PRÉFACE

Lorsque, le 1er janvier 1994, nous avons entendu parler de "l'insurrection zapatiste", nous étions des enfants. J'avais à peine vingt ans. Mais les textes qui circulaient sur le proto-internet avaient des accents inédits. Les zapatistes abandonnaient le grand récit marxiste, ils assumaient la part indigène, les cosmovisions qui lui étaient liées. Ils disaient leur attachement à la terre des ancêtres, mais sous une forme qui rompait absolument avec le retour à l'identité qui s'annonçait alors, en Europe, avec la guerre dans les Balkans. Ils demandaient un droit à l'autonomie, à ce que soit reconnu le lien singulier des habitants du Chiapas à leurs lieux en luttant contre les intérêts des grandes compagnies minières. Au fil des années 1990, je me souviens avoir aperçu ça, ce chiasme du "retour à la Terre" : d'un côté, un mouvement pour l'autonomie, pour les attaches fines aux milieux, respectueux des diverses formes de vie ; de l'autre, le mouvement grégaire pour relancer les cauchemars nationalistes, les cohérences ethniques et territoriales. Un attachement pour la Terre, d'un côté, qui pointait l'accueil, le respect. Et de l'autre, une réaction, marquée par l'histoire du meurtre et de la violence.

Les zapatistes ont inauguré et inspiré les luttes contre la mondialisation, pour une vie digne, libérée des flux de marchandises qui détruisent le monde. Ils défendaient la forêt lacandone, mais aussi, un engagement internationaliste qui prendrait la forme d'un réseau de luttes locales. Ils inventaient, relançaient ce vieux motif : des espoirs de vies autonomes, moins destructrices de monde. À l'époque, je n'étais pas écrivain, pas vraiment ; je filmais les luttes pour des documentaires. Mais cette trace des combats et des ruptures des années de la fin du siècle ne m'a jamais quitté.

Le livre de Clara Breteau, pour moi, reprend ce récit, cette histoire de la vie autonome, de la poétique de ces vies, de ces chemins d'attachement pour et avec le monde. Il le fait depuis un autre lieu que le Chiapas, depuis une autre perspective. Mais ce qui est travaillé, exploré, ce qui est déplié ici, à rebours des grandes errances de la marchandise, à rebours des démences de nos économies sans lieu, ce que Clara Breteau accomplit pour rendre compte de son cheminement, m'a rappelé ce temps, celui où je prêtais l'oreille aux paroles indiennes du Chiapas. Et même si je m'interroge souvent sur la capacité d'organiser cette vie-là à l'échelle de bientôt dix milliards d'êtres humains, je me suis réjoui de sentir, à la lecture de ce livre, que cet espoir-là, celui d'une vie autonome, digne, consciente de ses dépendances, est encore entièrement là, dans le monde.

Depuis le rapport Meadows, en 1972, à l'échelle collective, nous nous posons des questions d'habitation. Nous ne cessons de nous demander, de COP en COP, de conférences en réunions onusiennes, comment changer les termes de cette habitation pour ne pas définitivement détruire les capacités terrestres. Et c'est donc très justement à une poétique de l'habitation, bien au-delà du cercle étroit de la poésie, que nous sommes ici conviés. Je formule donc le vœu, avant de vous laisser dans la maille fine de tous les modes d'existence et les expériences qui sont ici présentés, que cette poétique de l'habitation s'étende et soit entendue. Car à bien des égards, elle est l'expression du seul réalisme pour les temps à venir.

Une vie réattachée au monde.

Camille de Toledo
Berlin, janvier 2022

INTRODUCTION

La guerre des Demoiselles

En 1829, un mouvement de révolte paysanne d'une ampleur inédite, la guerre des Demoiselles, éclate en Ariège, dans les Pyrénées. Déguisés en "Demoiselles", des créatures étranges mi-bêtes mi-fées, les insurgés jouent avec l'invisibilité, le mutisme et les signes équivoques pour dénoncer la disparition programmée de leur mode de vie. Un nouveau code forestier privilégiant l'exploitation industrielle du bois et du charbon vient de supprimer leurs droits d'usage ancestraux. Mais les paysans refusent d'adopter le code étatique, qu'il soit verbal ou forestier. Comme des animaux chassés semant des indices sur le trajet de leur course, ils multiplient les apparitions dans tous les points de la forêt, installant une présence qui "hante" la montagne. Ils communiquent par signaux de fumée, menacent les gardes forestiers par des chemises blanches suspendues tels des fantômes aux branches des arbres, dispersent dans la forêt mannequins et messages énigmatiques marqués à la craie. S'effaçant pour laisser seuls visibles les résultats de leurs actions, ils interviennent comme des forces perturbatrices qui se confondent avec les pouvoirs naturels de la montagne : les forges installées par l'État s'arrêtent soudain, des arbres tombent, des incendies se déclarent tout à coup dans le paysage comme si la forêt ou la nature se consumaient, se sacrifiaient d'elles-mêmes.

Cette histoire m'a tout de suite touchée. Car les Demoiselles parlaient, mais pas de la manière attendue ni entendue par l'État et ses représentants. Elles ne donnaient ni leur nom, ni leur identité, ni leur témoignage mais choisissaient plutôt de s'exprimer par apparitions, par signes, comme cette forêt creuset de leur culture dont elles défendaient l'usage[1]. Elles ne parlaient pas

1. Le système des droits d'usage est reconnu par les historiens comme ayant contribué en Ariège à une gestion durable des forêts

seulement “comme” cette forêt, elles s’exprimaient aussi en elle, à travers elle. Au sommet de ses arbres, à la pointe de ses branches, sur ses hauts lieux, le long de ses chemins, au fond de ses vallons. Dans tous ces plis et ces points clefs qu’elles signalaient du même coup comme irremplaçables[1].

Au revers de leur révolte, les Demoiselles laissaient apparaître une forme d’habiter poétique transportée “du bleu azur” et des clochers surplombant le poème d’Hölderlin[I] aux voûtes d’une forêt retissée de signes. Leur langage formé dans la montagne et inséparable d’elle ravivait une poésie ancestrale, cette *poïesis* des Grecs qui transformait la matière et rappelait que, loin des poèmes récités par cœur sur les bancs de l’école, le poétique trouve son terreau dans nos façons de faire signe et sens des lieux et de leurs mondes vivants[II].

Les Demoiselles n’étaient plus alors ces êtres que les autorités de l’époque présentaient comme silencieux, sans langage propre ou aux voix toujours “encadrées et

---

au sein d’une économie agrosylvopastorale. Si certains paysans ariégeois ont parfois été responsables de dégradations, la déforestation dramatique qu’a connue le pays est à imputer principalement aux prélèvements massifs de la marine royale et des forges privées. Voir Jean-François Soulet, *La Vie quotidienne dans les Pyrénées sous l’Ancien Régime. Du XVIe au XVIIIe siècle*, Paris, Hachette, 1974.

I. Devenue un véritable leitmotiv de la pensée contemporaine au XXe siècle, l’idée d’habiter poétiquement le monde trouve notamment sa source dans un poème de Friedrich Hölderlin, “En bleu adorable”, dont Martin Heidegger alimentera la renommée en y consacrant conférences et essais. Voir Friedrich Hölderlin, “En bleu adorable”, traduction André du Bouchet in *Œuvres*, Paris, Bibliothèque de la Pléiade, 1977 et Martin Heidegger, “L’homme habite en poète”, *Essais et conférences*, Paris, Gallimard, 1958, p. 224-245.

II. Dans la Grèce préclassique, la *poïesis* désignait une production impliquant une transformation de la matière et s’appliquait notamment au domaine des productions et processus naturels. Ce n’est qu’après Homère qu’elle en vient à qualifier le travail créatif du verbe. Voir Henry Liddell, Robert Scott et Henry Stuart Jones, *A Greek-English Lexicon*, Oxford, Clarendon Press, 1996, p. 1428.

filtrées[2]". Elles affirmaient plutôt la maîtrise d'un langage foncièrement hétérogène aux logiques étatiques. Le refus de faire de la montagne un milieu administré convertible en ressources et celui de s'exprimer dans une langue traduisible par l'administration devenaient les deux faces d'une même résistance. Ils marquaient la mise en crise simultanée, et l'indissociabilité, de l'habitat et du discours.

D'une certaine manière, l'effondrement du mode de vie des paysans ariégeois aboutissait pour moi à un paradoxe. S'il conduisait ces derniers à *se déguiser* en Demoiselles, il contribuait aussi à *mettre au jour* chez eux une relation organique[I] au milieu naturel qui ne leur fournissait pas seulement des moyens de survie mais forgeait aussi leur langage et leur imaginaire. Poussant plus loin l'invitation du penseur écologiste Aldo Leopold à "penser comme une montagne[3]", le réseau de liens magiques embrasé par l'insurrection des Demoiselles levait aussi le voile sur une manière, non seulement de penser, mais de *parler* "comme une montagne". En 2004, le jardinier-paysagiste Gilles Clément a forgé la notion de "tiers paysage" pour désigner tous ces espaces indécidés et en marge non répertoriés comme richesses, ces lieux en clair-obscur "refuges d'une diversité animale et végétale n'exprimant ni le pouvoir ni la soumission au pouvoir[4]". Or ces Demoiselles que j'entendais par-delà les siècles parler dans ce langage si singulier, depuis leurs montagnes et leurs vallées écartées, me suggéraient l'idée que derrière chaque délaissé, derrière chacun de ces "tiers paysages" décrits par Gilles Clément, se cachait peut-être aussi quelque chose comme un "tiers langage[II]".

I. Le mot organique est entendu ici comme ce qui croît depuis l'intérieur d'un corps et de ses tissus vivants. Voir Josette Rey-Debove et Alain Rey (dir.), *Dictionnaire Le Petit Robert*, Paris, Le Robert, 1986, p. 1321.

II. Part non-verbale de notre langage faite de signes, d'images et d'expériences sensibles qui prendrait forme au contact des milieux

Des imaginaires plantés dans des vies

Aujourd'hui, alors que ce ne sont plus seulement les montagnes des Demoiselles mais l'ensemble du monde vivant qui s'effondre sous l'action de nouveaux maîtres forgerons, charbonniers et gardes-chasses[5], ce livre se penche sur des lieux de vie qui sont autant de poches de résistance à cet effondrement. Dans le prolongement des Demoiselles, ces lieux se démarquent par leur capacité à générer de nouveaux langages et imaginaires au contact du monde vivant et de sa facture sensible. À partir de visites et séjours dans vingt-trois habitats répartis à travers la France, j'ai entrepris l'exploration d'un mode de vie, le mode de vie écologique autonome, que je définis comme le fait de se réapproprier l'usage des milieux naturels et des ressources locales pour se nourrir, se chauffer et s'abriter en dehors de l'économie de marché et des services encadrés par l'État.

À l'occasion de ces voyages, je me suis posé une question qui, inspirée par les silhouettes des Demoiselles, sort des problématiques sociopolitiques ou organisationnelles privilégiées par la plupart des travaux scientifiques consacrés à ces habitats. Je me suis demandé, à travers l'étude de leur dimension *poétique*, comment la réinscription de l'économie dans le milieu naturel modifie nos façons de faire signe et sens du monde.

Dans ce livre, il s'agira donc d'étudier une nouvelle génération d'habitants "Demoiselles" dont le langage et l'imaginaire se ré-entremêlent au monde vivant. On sait comment, dans les sociétés traditionnelles, récits et chansons prenaient vie dans la chaleur des veillées, au contact rapproché du feu. Dans son enquête célèbre sur le village breton de Plozévet et l'urbanisation galopante des campagnes à la fin des années 1960, Edgar Morin a documenté l'extinction progressive du chant lors des

---

naturels et nous permettrait de communiquer avec et à travers le monde vivant.

veillées, donnant à voir les cahots et bégaiements de la mémoire chez des villageois dont il entend les airs fuser puis retomber, bien vite, autour du feu[6]. Lors de mes voyages, j'ai vu dans les habitats autonomes et leurs vies immergées dans le monde vivant les contours d'une autre mémoire bégayante, d'un autre chant hésitant qui m'ont rappelé les scènes de veillées évoquées par Morin. Il s'agissait cependant d'un bégaiement différent – orienté sur une pente inverse, ascendante – d'un balbutiement qui augure non pas d'une extinction, mais d'un réveil de l'imaginaire. En documentant les signes et les gestes poétiques qui se forment dans les habitats autonomes, mon intention est de montrer comment ces lieux constituent aussi les foyers d'une mémoire où se ranime, silencieusement, un peu de ces feux de révolte et de puissance allumés par les Demoiselles.

Nous verrons que les habitants autonomes cherchent à élaborer des rapports au vivant réparateurs qui apparaissent comme autant de canots de sauvetage pour "habiter" l'effondrement systémique en cours. À l'image des "chablis", ces microhabitats qui se créent autour des racines des arbres effondrés, les lieux autonomes ont cette particularité qu'ils recréent de la vie autour d'une partie effondrée de notre histoire, cette agriculture de subsistance qui pendant des siècles a permis aux sociétés de vivre des ressources de leurs milieux naturels. Quelque part, les écosystèmes des chablis sont à la forêt ce que les habitats autonomes sont à l'histoire : ils accélèrent la décomposition de ce qui s'effondre et créent des microsites qui favorisent la constitution de nouveaux lieux de vie.

L'écologie et le langage

Au début du chemin qui a mené vers ce livre, j'avais entamé une réflexion large sur les langages de l'écologie. Comme on le sait, le mot lui-même d'"écologie" contient cette idée que l'écologie est un langage – un langage *(logos)* lié à l'habitat *(oikos)*. Mais quel type de langage est-elle, ou devrait-elle être – un langage scientifique, économique, politique, artistique ? Quels sont les liens de notre langage avec la richesse des écosystèmes et du monde vivant qui nous entoure ? Peut-on continuer à évoquer un monde qui meurt, des choses qui n'existent plus, ou, si nos discours sont intimement liés à la *vie* des choses, leur destruction conduit-elle à nous "ôter les mots de la bouche" ?

Pour aborder ces questions, j'ai choisi au départ d'étudier les rapports de l'écologie scientifique et politique avec un langage qui avait l'avantage de plonger ses racines à la fois dans le travail des mots et dans celui de la matière. Ce langage, c'était la poésie, du mot *poïesis* qui, avant Homère, désignait non pas la production verbale ou littéraire mais la transformation directe et concrète du monde physique[7]. À partir d'un ensemble d'expérimentations – chroniques radiophoniques, lectures publiques, conférences –, j'ai d'abord examiné la façon dont les textes et la parole poétiques pouvaient aider à réinsuffler de la vie dans la langue de l'écologie. Je résumais cette approche par un vers de la poétesse Jeanine Salesse : "quelles paroles faut-il semer pour que les jardins du monde redeviennent fertiles[8] ?".

Plusieurs éléments m'ont pourtant conduite assez rapidement à reformuler et à inverser le questionnement. Tout d'abord, la visite d'un certain nombre de lieux de vie autonomes dont la dimension poétique m'avait frappée sans que je sois capable de m'expliquer *pourquoi* l'emploi de ce mot, réservé d'ordinaire aux productions littéraires, me semblait si bien convenir à ces habitats. Je constatai aussi que tout un champ de réflexions, l'"écocritique", s'était développé depuis les années 1990 dans le monde anglo-saxon pour réexaminer les corpus et théories littéraires à l'aune de préoccupations environnementales, mais il manquait encore une approche poétique et esthétique de la façon dont les nouvelles formes de vie écologiques "modifient les indices du monde[9]". Il y eut enfin cette rencontre décisive, grâce au film que leur a consacré le metteur en scène et réalisateur Jacques Nichet, avec les Demoiselles et leur langage poétique si particulier, "planté" dans le territoire, poussant à travers lui[10].

J'ai alors décidé d'explorer non pas ce que de nouveaux imaginaires pouvaient créer comme pratiques, mais ce que les nouvelles pratiques et façons d'habiter alternatives généraient comme récits. Il y avait là un défi : travailler l'idée d'"habitation poétique du monde[I]", évoquée si souvent de manière théorique, en l'étudiant pour la première fois avec des outils ethnographiques, sur le terrain d'habitations réelles. Il ne s'agissait plus désormais de chercher, comme le faisait l'essentiel des démarches explorant les liens entre art et écologie, quels nouveaux récits et formes artistiques nous allions pouvoir consommer comme des philtres magiques pour espérer avoir une "prise de conscience" et réparer la nature. Il ne s'agissait plus de se satisfaire d'une conception de l'art comme sas ou excroissance développée entre une sphère de la "nature" et une sphère de la "culture" conçues comme séparées. Il s'agissait d'aller voir comment, sous l'effet de certains modes de vie retissés dans les milieux naturels, ces champs étincelants que nous appelons "art" et "poésie" se retrouvent comprimés par le rapprochement des sphères naturelles et culturelles, puis éclatent à travers nos existences en minuscules bribes et paillettes que nous allons pouvoir pister.

Les poétiques de l'autonomie

Bien sûr, beaucoup d'entre nous se demanderont légitimement : en quoi l'histoire de ces Demoiselles ou de ces habitants autonomes me concerne-t-elle ? Pourquoi y aurait-il un lien quelconque entre leurs combats passés ou présents et ma propre histoire ? Au-delà de la

I. Voir note I p. 14.

diversité des habitants autonomes et de leurs métiers, âges ou orientations politiques, la réponse à cette question réside surtout dans le fait qu'une grande majorité d'entre nous est originaire de milieux paysans dont les moyens d'existence, les cultures et les mondes ont été éradiqués par l'industrialisation et l'urbanisation étatiques[I].

Par-delà le prétendu progrès et le confort apportés par la "modernisation", par-delà la précarité et les conditions de vie difficiles des sociétés pré-thermo-industrielles se cache l'effondrement de chaînes de transmission, de cultures et de moyens d'accès au monde séculaires dont la disparition a été bien plus violente et bien moins consensuelle que ne le donne à penser l'histoire officielle. Sous ce jour, nous sommes tous des descendants de Demoiselles et avons en commun avec elles une histoire d'expropriation et de dépossession que nous tentons tant bien que mal, et plus ou moins consciemment, de panser et de cicatriser.

Nous partageons dès lors avec elles l'expérience d'un monde effondré, celle de trous béants laissés dans la mémoire collective, mais aussi la capacité de réveiller et d'exhumer ce monde sombré pour en tirer les briques de constructions futures. Réveiller une histoire enfouie en déployant un ensemble de présences, d'apparitions et de scintillements, c'est aussi ce que ce livre espère faire avec ses lecteurs. Quelque part, nos déambulations à travers les habitats vont consister à explorer les plis d'une forêt en train de se reconstituer à travers la France sous l'action de nouvelles Demoiselles.

Les vies des habitants autonomes telles que je les ai observées s'accompagnent en effet de mécanismes de

I. En 1846, la population rurale constituée essentiellement de petits paysans atteint son maximum en France et représente 75,6 % de la population nationale, soit trois Français sur quatre. De manière générale, jusqu'en 1945, la France reste "une nation de petits paysans libres attachés à leur terre". Voir Jacques Dupâquier, "Le plein rural en France", *Espace, populations, sociétés*, n° 20, 1989, p. 349-356 (349).

réensemencement des imaginaires qui s'enclenchent à tous les degrés des pratiques écologiques, y compris les plus timides et embryonnaires. Sous leurs dehors parfois originaux ou excentriques, les habitats que j'ai visités permettent de mettre au jour un phénomène logé dans la matrice des modes d'habiter locaux et sobres en ressources appelés à se généraliser si nous voulons maintenir notre planète habitable. Ils montrent comment, via toutes ces pratiques, l'imaginaire s'éloigne des parcs virtuels où on l'avait assigné pour réintégrer, comme un fantôme reprenant forme humaine, un corps et un territoire.

Mon intention à travers ce livre n'est pas de prétendre que la vie des habitants alternatifs rencontrés est traversée de poésie de part en part, ni qu'elle fourmille d'images extraordinaires qui la distinguent radicalement de la nôtre. Il s'agit plutôt d'observer que la *mécanique* même de l'autonomie, dans ses formes les plus radicales comme les plus timides, a des *dimensions* poétiques singulières, indissociables de ses aspects plus triviaux – le tout se présentant sous la forme d'un mélange qui voit le poétique se lier au prosaïque "comme des paillettes d'or dans la boue[11]". La collecte de ces paillettes construit un monde qui s'anime et se peuple mais toujours aux interstices, par endroits et par éclats, sous couvert de l'ordinaire.

Ce sont, par exemple, ces ronciers et roseaux ayant commencé à pousser, chez Antoine au Petit Bonheur, à travers les murs de sa yourte[I]. S'infiltrant par en dessous, ils remontent le long des treillis, des perches, leurs longs bras rampants formant une décoration vivante et mouvante digne du château de *La Belle et la Bête* filmé par Jean Cocteau[12]. Ce sont ces bocaux de verre coloré encastrés dans les murs d'une cabane et qui semblent

I. Si certains habitants ont souhaité apparaître sous leur vrai nom, la plupart des noms de lieux, prénoms et noms de famille cités dans ce livre ont été anonymisés par respect pour l'intimité des personnes concernées, selon une pratique courante dans les enquêtes ethnographiques.

faire provision de lumière, remisant pour l'hiver de grandes rasades de photons à boire au bord du feu. C'est aussi le "tractopoule", ce poulailler mobile conçu pour que la terre soit ameublie et fertilisée à mesure qu'on le déplace et qui dessine les contours d'une nouvelle créature mythologique entre volaille et tracteur, croisement étrange des règnes animal et machinique. Ou bien ce sont encore ces clefs de tailles et de formes différentes que l'on remarque par terre chez Sylvie, collées en ribambelles sur le seuil – des clefs en vacances, des clefs à la retraite, que la porte balaie et caresse chaque fois qu'on la pousse. Des clefs qui se moquent, aussi, semble-t-il, nous suggérant que la véritable porte à pousser est peut-être ailleurs, dans ces profondeurs du sol vers lesquelles elles orientent le regard.

Comme chez les Demoiselles, ces petites apparitions, formes et créatures hybrides se présentent disséminées sur de vastes terrains – dans l'île de Kerlidon au large du Finistère gardée par Sergio, dans le village troglodytique de Treffonde dont les grottes, tunnels et parois affichent tout un bestiaire sculpté aux formes enchevêtrées, dans la grande colline de Londine couverte de forêt ou dans le bocage si célèbre de la ZAD de Notre-Dame-des-Landes. Au fil de mes séjours, je les ai vues formant et déformant le quotidien de Charlot, ex-salarié trentenaire vivant en chaumière[I] dans le grand labyrinthe vert de Nanterrel, de Gilles et Caroline, ex-ingénieurs parisiens ayant converti un pavillon Phénix en maison bioclimatique[II], de Bernard, mécanicien devenu maraîcher s'abritant dans un mobile home caparaçonné de bois et de tôle.

I. Petite maison en bois, bois de palettes et torchis de terre et paille, souvent dotée d'un toit de chaume.

II. Maison dont l'implantation et la conception prennent en compte le climat et l'environnement immédiat afin de réduire les besoins en énergie pour le chauffage, la climatisation ou l'éclairage.

Si nous allons parcourir ces lieux et observer leurs habitants, nous allons cependant rencontrer des histoires un peu particulières dont les humains seront tantôt le centre, tantôt le décor. Des histoires dont les personnages pourront être aussi bien un zadiste, une gérante d'association qu'un oiseau, une poire, une "pierre-tissu" ou le reflet d'une bougie dans une fenêtre.

Ces récits et cette culture cachent derrière leurs oripeaux carnavalesques de précieux enseignements sur la profondeur de nos relations au vivant, passées et présentes. Le but de ce livre est donc d'examiner ce que les lieux alternatifs *produisent* non pas comme folklore mais comme matière poétique – c'est-à-dire quels mondes perceptifs nouveaux se déploient quand on construit soi-même sa maison, quand on cultive sa nourriture, quand on produit son énergie. J'essaierai de montrer que les images et relations poétiques que l'on voit apparaître sur les lieux autonomes ne sont pas juste le fait de l'imagination débordante, du tempérament excentrique ou de l'univers éclectique de telle ou telle personnalité particulière. Loin d'être de simples emprunts culturels ou des émanations purement individuelles, elles émergent au contraire directement d'une organisation matérielle et des toiles écologiques mises en place par les habitants.

Cette production poétique des modes de vie autonomes montre alors que ceux-ci ne sont pas juste une affaire de technique savante. Toutes les relations et les croisements d'énergies et de matières recréés dans l'environnement redeviennent en effet les supports d'une imagination puissamment matérielle, d'une grande "toile imaginaire" qui vient dédoubler la toile du vivant et dont nous allons parcourir ensemble les fils et motifs argentés. Cependant, ces deux réseaux, biologique et poétique, ne sont pas simplement superposés. Au fil de mon enquête, j'ai vu le tissu imaginaire *prendre naissance* à partir de la matérialité. En contrepied de ce dualisme cartésien tenace dans la pensée occidentale selon lequel les idées s'impriment dans une matière tenue pour inerte et inexpressive, ce livre propose de montrer les manifestations concrètes d'une matière qui fait signe et fleurit en langage[I].

Dans les pages qui suivent, je tenterai avec mes propres pinceaux de donner de la substance à ces mondes singuliers. Le poétique sera d'abord approché comme un peuple d'*images*. Il se déploiera via un ensemble d'apparitions et de scintillements que nous verrons surgir dans le "métier à tisser" autonome, ce gigantesque métabolisme croisant les énergies et les matières grâce auquel les habitants subviennent à leurs besoins[II].

Mais le poétique peut aussi être abordé comme une certaine *relation* que le mode de vie autonome instaure entre l'habitant et son habitat – avec d'un côté une nature qui se remet à faire signe et de l'autre des habitants qui se représentent leurs corps comme décloisonnés et élargis. La dimension poétique des habitats sera enfin étudiée à travers les indices d'un *type de faire* particulier, organique et ouvert au vivant. Empruntant certains traits à la magie et à l'animisme, ce type de faire "poétique" considère la matière et le milieu naturel comme doués de vie, de paroles et d'intériorités autour desquels viennent se tisser les intentions humaines, conscientes et inconscientes.

À la lumière des habitats autonomes, nous pourrons considérer sous un nouveau jour l'ambition affichée par l'État et ses élites de sensibiliser et éduquer à l'environnement ou à la culture un peuple que l'on a sans

---

I. Cette enquête s'inscrit donc dans le prolongement des pensées néomatérialistes et écopolitiques contribuant à repenser la matière comme douée d'agentivité et d'expressivité. Voir notamment Nicolas Truong, "Le tournant écopolitique de la pensée française", *Le Monde*, 2 août 2020. Voir aussi Rick Dolphijn et Iris Van der Tuin (dir.), *New Materialism: Interviews & Cartographies*, Ann Arbor, Open Humanities Press, 2012.

II. Le métabolisme est l'ensemble des transformations physicochimiques qui s'accomplissent dans les tissus d'un organisme ou d'un écosystème et le maintiennent en homéostasie (équilibre) avec son environnement.

relâche, par le jeu d'un édifice de politiques capitalistes et extractivistes, entrepris d'arracher à des territoires, économies et cultures que des savoir-faire locaux articulaient finement à leurs écosystèmes. Mais nous nous souviendrons aussi qu'il y a deux ou trois générations, comme les Demoiselles en Ariège au XIXe siècle, nous maîtrisions encore le langage des lieux, que nature et culture étaient étroitement imbriquées en de gros nœuds dans lesquels nous formions nos existences. Loin de toute utopie régressive, l'enjeu de cette mémoire est de rendre justice à ce qui a été laminé, de récupérer celles de nos richesses qui en valent la peine et de prouver, surtout, pour alimenter les luttes, qu'un autre état du monde est possible. Comme les lieux que nous allons visiter le montrent, ces récits et imaginaires habitants et habités ne sont pas l'apanage de cultures lointaines. Cachés sous notre peau, ils germent à nouveau à mesure que nos vies reprennent contact avec le sol.

1re PARTIE

PREMIERS PAS DANS LES LIEUX DE VIE AUTONOMES

CHAPITRE 1

L'HABITATION POÉTIQUE DU MONDE

"Flash sécurité. Soyez dès aujourd'hui des voyageurs attentifs. Pour limiter la destruction de vos affaires et diminuer le travail des forces de sécurité, ne laissez rien derrière vous."

J'ai entendu un jour ce message diffusé dans le hall de la gare Montparnasse. Et je suis restée quelques instants interdite à l'idée de cette voix sans visage qui nous commandait, d'un ton calme et froid, de *ne rien laisser derrière nous*. Dans le microcosme de cette gare où l'on était prié de circuler sans laisser de trace, j'ai soudain vu une sorte de monde dans lequel il n'y avait plus rien, hormis une sphère vorace, touchant nos corps, dans laquelle tout ce qui s'attardait tombait sous le coup d'une destruction immédiate. Et dans ces lieux où bagages et mémoire devaient se porter en bandoulière, bien collés contre soi, je me suis demandé s'il n'y avait pas une sorte d'image de ce monde effondré vers lequel nous nous précipitions à toute allure.

À l'opposé des gares où l'on court sur des tapis roulants sans rien laisser derrière soi, nous allons entrer ici dans une nébuleuse de mondes qui sont aussi des gares en quelque sorte, mais des gares inversées, des "antigares". Des lieux où l'on ne rassemble pas les choses pour les éjecter au loin sur des rails mais pour les faire circuler les unes dans les autres, leur faire échanger leurs bagages et leurs habits, les éparpiller en fragments puis les recomposer.

La "créature" *poïesis*

Il y a bien longtemps, la main pleine de peinture qui se posait sur le mur était *poïesis*. Comme l'était la trace des doigts écarquillés. Et le bras qui versait le seau d'épluchures, forgeait le fer, enfonçait la pelle dans la terre, pétrissait le pain, coupait une branche, empilait des pierres – tout cela était *poïesis*[1]. Il y a bien longtemps, chez des peuples anciens mais dont les mots habitent encore nos bouches, tous les gestes qui coupent, entassent, arrangent, composent étaient *poïesis*, ainsi que les céréales qui poussent, le remède qui diffuse son bienfait, l'étoile en train de naître ou les abeilles enfermant dans leurs ruches des rayons de miel[2]. En ce temps-là, les entrailles du compost qui s'échauffent, la poule qui picore ses grains d'amarante et les collemboles qui digèrent la terre, tout cela faisait partie de l'arbre *poïesis*. Cet arbre dont nous connaissons le tronc de papier, les branches et les étoiles de mots, mais dont les racines prennent dans leurs filets tout ce qui dans le monde vivant pousse, sécrète et transforme.

Il est de bon ton aujourd'hui de s'extasier sur la poésie et sur son mystère insondable. D'enfermer le poète seul avec son génie, dans une chambre noire, à la langue sèche et à l'eau, coupé des autres, de son milieu, de son histoire. Mais qui sait encore que pour de très vieux rois-philosophes, deux êtres qui s'emmêlent et procréent étaient *poïesis* ? Et que chez nos lointains ancêtres, l'artisan avec son peuple d'outils et son pain de matière était *poeta*[3] ? Longtemps tentaculaire, la créature *poïesis* s'est roulée un jour en boule dans un coin, a rappelé ses tiges, rapatrié son lierre. Elle s'est endormie sous la terre – et les siècles, imperceptiblement, lui ont glissé dessus. Sa lointaine cousine, la fleur "poésie", s'est réfugiée dans la littérature et les cahiers d'écoliers. Les rois et les princes l'ont choyée, les pays l'ont prise pour emblème. Et personne ne se souvenait que l'artisan avec ses outils était *poeta*, et que les collemboles sous la terre, et les abeilles, et l'étoile en train de naître avaient eux aussi, autrefois, été *poïesis*.

Un beau jour, la *poïesis* qui dormait profondément fut secouée de son sommeil. Et l'on se souvint qu'il y a bien longtemps, la main pleine de peinture qui se posait sur le mur était *poïesis*. Comme l'était la trace des doigts écarquillés. Et le bras qui forgeait le fer, et les pieds qui foulaient le blé. On mit au jour des enfilades de grottes où se rallumaient à la lumière des lanternes les traces pariétales et les trajets oubliés de la *poïesis*. Alors on lui donna à boire, on lui offrit à manger. Petit à petit, ses tentacules se mirent à repousser. Peu à peu, elle allongea ses doigts dans la terre, loin, de plus en plus loin, jusque dans nos corps. Et pour les savants, les globules en formation dans notre sang devinrent *poïesis*[1]. Et la sécrétion du lait. Et celle de l'urine. Et cette force par laquelle les choses s'ouvrent d'elles-mêmes, cette puissance de graine qui leur donne la possibilité de se produire et de se régénérer – ce que l'on appela, un jour, au tournant du XIXe siècle, "la vie" – finit aussi par devenir *poïesis*[4]. Peu à peu, celle-ci débordait des pages pour revenir dans les paumes-chrysalides des artisans, des bricoleurs, des scientifiques, des ouvriers, des amateurs, des habitants, de quiconque était capable de métamorphoser un peu de la vie qui l'entourait.

Le poétique hors-les-mots

S'intéresser à la dimension poétique de l'habitat peut paraître étrange. Profitant de l'hibernation de la *poïesis*, une abondante tradition théorique a contribué en France à ancrer durablement la poésie dans le texte littéraire[5]. Par ailleurs, l'habitat est attaché à des réalités si terre à terre qu'il apparaît comme le domaine prosaïque par excellence. L'un des premiers philosophes à avoir travaillé cette idée d'"habitation poétique", Martin

I. Au début du XIXe siècle, à l'instar de nombreux autres mots et racines grecques, la *poïesis* est réintroduite dans le kit de base d'élaboration d'un vocabulaire médical en pleine expansion, qui migre de la description de pathologies et de remèdes quotidiens à celle de processus et de fonctionnements métaboliques. Voir notamment le *Dictionnaire de médecine, de chirurgie, de pharmacie, des sciences accessoires et de l'art vétérinaire*, sous la direction de Pierre Hubert Nysten, Paris, J. S. Chaudé, 1833 ainsi que les nombreux dictionnaires de médecine du XIXe siècle présents dans la bibliothèque numérique Medica.

Heidegger, fait remarquer que la conjugaison des deux notions est loin d'aller de soi :

> on peut à la rigueur se représenter que des poètes habitent parfois en poètes. Mais comment l'être humain pourrait-il habiter en poète ? Notre habitation est pressée et contrainte par la crise du logement, bousculée par le travail, rendue instable par la course aux avantages. Toute habitation n'est-elle pas à jamais incompatible avec la manière des poètes[6] ?

À travers l'histoire des idées, la capacité des poètes à rendre le monde "habitable" est essentiellement présentée comme passant par les mots. Pour Jean-Christophe Bailly, l'univers poétique dans son ensemble se situe même aux antipodes de toute idée d'habitation. À la différence des autres formes d'écriture qui "brique par brique, mot par mot, chapitre par chapitre, construisent des maisons, des maisons de sens, avec des pièces et des couloirs, des portes et des fenêtres", le poème, selon lui, "ne construit pas de maison, il n'est qu'un hall d'entrée, qu'une suite de halls d'entrée d'où à chaque instant l'on peut ressortir[7]".

Dans les années d'après-guerre, alors que l'intelligentsia française plébiscite les thèses de l'autonomie et de la clôture du texte vis-à-vis du monde, Boris Vian évoque pourtant dans *Je voudrais pas crever* des poètes-bâtisseurs préférant à l'écriture le pouvoir de créer des situations et d'incarner un monde "encore jamais vu", en dehors de l'espace littéraire :

> *Si les poètes étaient moins bêtes*
> *Ils construiraient des maisons jaunes*
> *Avec des grands jardins devant*
> *On mangerait quand on voudrait*
> *Et l'on travaillerait sans hâte*
> *À construire des escaliers*
> *De formes encor jamais vues*[8]

La *poïesis* tirée de son sommeil fait pénétrer ses racines jusque chez Boris Vian. Celui-ci suggère ici la possibilité d'un travail poétique "hors-les-mots" qui prendrait pour matière le corps des maisons et pour trame la vie quotidienne.

Cependant, un passage en revue rapide des lieux de vie autonomes et de leurs équipements – des toilettes sèches et tas de compost jusqu'aux grelinettes[I] et dalles réfractaires – peut faire douter de la pertinence à leur égard du mot de "poétique". Assimilée au monde scolaire ou à la haute culture, la poésie est perçue comme rébarbative par certains habitants autonomes. Méfiants des beaux discours, ceux-ci l'associent davantage à des personnalités particulièrement créatives ou excentriques et la trouvent peu compatible avec le caractère parfois très collectif des lieux ou avec leur apparence souvent désordonnée.

Conjugués aux contraintes financières, au poids des travaux quotidiens ou aux batailles juridiques, ces différents aspects m'ont montré l'impossibilité de verser, en ce qui concernait les lieux autonomes, dans toute caricature du "poétique" entendu comme synonyme de romantique et fleur bleue. Si les vies autonomes semblaient peu se prêter à la poésie comme genre littéraire ou activité contemplative, je me suis demandé si les actes et les travaux quotidiens de l'autonomie n'étaient pas susceptibles de contenir en eux-mêmes une dimension poétique. Cette hypothèse esquissée lors de mes premières visites dans les lieux autonomes, je l'ai trouvée inscrite en filigrane dans l'histoire de la créature *poïesis*, ancrée dès son origine dans les transformations de la matière. Je l'ai rencontrée également sous la plume d'Henry David Thoreau, pionnier de l'écologie politique devenu expérimentateur et chroniqueur

---

I. Fourche-bêche munie de deux manches qui permettent de faire levier et d'ameublir la terre sans la retourner, évitant ainsi de perturber la vie du sol.

du mode de vie autonome : "si les hommes construisaient de leurs propres mains leur maison et produisaient honnêtement de la nourriture pour eux-mêmes et les leurs, qui sait si la *faculté poétique* ne se développerait pas universellement, tout comme les oiseaux, qui chantent lorsqu'ils font ces choses[9] ?" Contrairement à ceux qui estiment que la poésie ne saurait exister en dehors des textes, Thoreau voit dans celle-ci une "capacité à faire" puisant son énergie et son langage dans le soin d'un lieu et de son monde vivant.

L'oiseleur sans cage

Adolescente, j'ai découvert que mon nom de famille, Breteau, était dérivé du "bret", un piège utilisé par les braconniers pour la chasse aux oiseaux. Pendant longtemps, le poème "Pour faire le portrait d'un oiseau" de Jacques Prévert, poème de braconnier, poème de "chasse à l'oiseau", a occupé à mes yeux une place spéciale, notamment parce qu'il propose une autre sorte d'appât, une autre sorte de "bret[10]". Prévert y décrit en effet une cage escamotable, fugace, dont les barreaux s'effacent dès que l'oiseau est entré. Une cage miroitante et évanescente capable de se confondre avec la forêt. Traversé par cette figure d'oiseleur sans cage, ce poème est une invitation à aller chercher le poétique, comme j'en ai eu l'intention, "au-dehors" – loin de l'écriture, de la peinture, de la représentation – dans les forêts, îles et jardins où êtres humains et oiseaux emboîtent leurs espaces et partagent leurs chants. En écho au poème de Prévert, j'ai voulu partir à la rencontre d'habitants-oiseleurs qui, tendant à travers leurs habitats toiles et fils, ne cherchent pas à piéger le poétique dans des cages et des textes mais à l'accueillir et à l'abriter dans leurs vies.

Curieusement, c'est dans un engin tout droit sorti de l'univers de Prévert que j'ai eu l'occasion d'entreprendre cette recherche. C'était un vieux Transporter Volkswagen blanc que m'avait prêté Christian Hanser, initiateur en Bourgogne du projet La Rêv'othèque, centre culturel itinérant en roulotte pensé pour encourager et colporter les rêves[11]. Le camion venait juste d'être racheté et redécoré. Parce qu'il devait servir après mon voyage à convoyer les visiteurs vers le pied-à-terre de la Rêv'othèque, il avait été baptisé peu de temps avant mon départ Rêvobus : un nom suspendu entre intérieur et extérieur, rêve et réalité qui s'affichait en grandes lettres colorées sur ses portes latérales et résonnait bien avec cette poétique du dehors que j'avais prise pour objet. Accidenté juste après mon retour, le camion n'allait rouler dans ses habits de Rêvobus que le temps de mon enquête. Sur les deux portes latérales, on pouvait voir l'image d'une roulotte dans un champ, crachant des feux d'artifice par sa cheminée. À côté, accroché au *o* du mot "Rêvobus", dans une cage nacelle dont on avait à moitié effacé les barreaux, le petit oiseau de Prévert se balançait.

CHAPITRE 2

UN NOUVEAU RÉSEAU DE DÉPENDANCES

Les contours de l'autonome

"Capacité à fixer ses propres règles[I]", l'autonomie peut s'appliquer à beaucoup de choses : à des régions qui veulent s'autogouverner, à des voitures "intelligentes" capables de se conduire toutes seules, à des personnes dont le système néolibéral souhaite qu'elles soient toujours moins dépendantes des aides publiques. Les habitants que nous allons rencontrer, pour leur part, sont "autonomes" selon une étymologie du mot moins connue qui remonte au fond des âges. Leurs démarches reviennent en effet à l'un des premiers sens de la notion grecque de *nomos*. Avant de signifier l'idée de "règle" ou de "norme", celle-ci désignait en Grèce ancienne des étendues de pâturages et de terres nourricières puis, par extension, les règles associées à leur usage collectif[1].

Restaurée sur le socle le plus profond de son étymologie, l'autonomie désigne alors le "champ" propre, le territoire dont on s'occupe et qui rend capable de subvenir à ses besoins. En écho à ce sens oublié, les habitants autonomes qui vont peupler ce livre font de l'autonomie une affaire de "lieu propre". Avant tout, ce qu'ils et elles recherchent n'est pas un ensemble de nouvelles règles et de nouveaux principes édictés a priori. C'est une capacité à satisfaire des besoins très physiques – de nourriture, de logement, d'énergie, à partir d'un territoire et des soins que l'on y apporte. C'est un *métabolisme de vie* réapproprié et relocalisé. Cette reconstruction de la vie quotidienne ne se fait donc pas à partir d'une page blanche. Les lieux autonomes peuvent être rangés dans la catégorie de ces habitats alternatifs qui, sous différents noms, cherchent à expérimenter à petite échelle des modes de vie de "Demoiselles", fondés sur l'usage de leurs milieux naturels et sur des réseaux d'entraide locaux.

I. Selon son étymologie la plus répandue, l'autonomie signifie littéralement la "règle" – *nomos* – "qui vient de soi" – *autos*.

Loin des idéologies réactionnaires, l'autonomie dont il sera question ne demande pas, pour donner accès à ces "lieux propres", que l'on montre ses papiers, sa race ou son pedigree. Elle suppose avant tout l'adoption d'un certain mode de vie qui transcende les origines et retisse les appartenances. L'autonomie dont il s'agit est également bien différente de l'autarcie. Les habitants ne vivent pas à la manière survivaliste, dans un bunker entourés de revolvers et de boîtes de conserve. Leur démarche suppose certes de s'affranchir des réseaux de l'économie mondialisée, mais cette émancipation possède une contrepartie : la réinscription de l'habitat dans l'écosystème qui l'entoure. Paradoxalement, c'est donc à partir d'un nouveau réseau de dépendances, d'un nouveau tissu fragile, non pas économique mais écologique, que les lieux que j'appellerai ici "autonomes" cherchent à satisfaire leurs besoins vitaux. Loin de se réduire à des cocons bourgeois ou identitaires, ce sont de petits mondes où se réincarne une relation immémoriale avec le vivant qui, bien qu'effacée de nos quotidiens, constitue encore un socle de nos imaginaires et de nos cultures.

Ce que j'appelle le "kit de l'autonomie" constitue la partie émergée de l'iceberg autonome, la croûte, visible et tangible, de cette relation au vivant sur laquelle vient s'ériger la vie quotidienne. C'est le nouveau petit peuple d'outils et d'équipements mis en branle dans la vie de tous les jours, les nouvelles baguettes magiques au bout desquelles sont suspendus chaleur, nourriture, boissons, vêtements propres : les jardins potagers, serres, vergers, poulaillers et composts ; les poêles de masse[I], fours à bois, petites éoliennes[II], douches et chauffe-eau

I. Poêle accumulant la chaleur dans les matériaux lourds qui le constituent (pierre, brique) et la restituant, essentiellement par rayonnement thermique, régulièrement et lentement, jusqu'à plus de 24 heures durant.
II. Telles que l'éolienne Pigott, une petite éolienne low-tech pouvant être autoconstruite.

solaires ; les puits, citernes, toilettes sèches, machines à laver à pédales et filtres plantés. Une foule de machines et de techniques low-tech[1] assemblées, recyclées, bricolées – certaines traditionnelles et rurales, d'autres plus inédites et hybrides – mais qui toutes demandent du temps, du travail, du soin. Autorisant difficilement les habitants à sombrer dans la torpeur et les paradis artificiels de la caricature hippie, elles chamboulent aussi profondément les normes et rituels du confort dit "moderne".

L'autonomie atteinte peut être locale – elle s'exerce alors à l'échelle d'un village ou d'une communauté – ou bien associée à l'échelle domestique à un petit groupe de personnes. Un même collectif peut faire varier le périmètre ou le degré de son autonomie selon les besoins concernés. L'autonomie énergétique, par exemple, s'envisage le plus souvent au niveau du village ou du territoire. Les installations autonomes peuvent aussi être programmées pour l'avenir, temporaires, activables en cas de nécessité ou réversibles car redoublées par des systèmes-relais plus conventionnels.

Silhouettes habitantes

La première fois que j'aperçois Sergio, c'est un petit point au loin, une minuscule silhouette noire plantée sur le rivage de son île. Cédric de Kermel et moi avons pris la mer car il n'y a pas de navette ni de bac pour rejoindre Kerlidon. Notre kayak traîne un filet pour pêcher le bar. Cédric voulait que je voie l'embarcation "les ailes déployées". Tout en pagayant et en méditant

I. "Basses technologies" ne dépendant pas des infrastructures, ressources rares et consommations énergétiques importantes sur lesquelles repose la société thermo-industrielle. Faciles à recycler et à réutiliser, elles permettent de conserver un niveau de confort et de civilisation agréables tout en évitant les chocs des pénuries à venir.

sur les surprises du métier de chercheuse, je repense à ces îles dont Serge Pey nous dit qu'elles "inventent la mer[2]". Dès que j'ai poussé l'embarcation à l'eau, j'ai eu l'impression d'avoir pénétré dans l'île, dans ses franges d'eau bleue, dans sa robe épaisse et froufroutante. Je regarde l'île se rapprocher très lentement, je pense à Sergio qui nous attend là-bas pour déjeuner, parmi ses lapins, ses mouettes, ses poules, ses ruches et ses rochers. Pour l'instant, tout ce que je peux distinguer c'est le profil de l'île. Depuis la côte, sa pointe ressemble à un géant couché dans l'eau, la face vers le ciel. Plus tard, au déjeuner, Sergio me raconte que selon les jours, les silhouettes des rochers changent, comme les nuages. Des fois, il y a un gorille avec de gros yeux qui a l'air d'avoir trop mangé, il y a aussi une sorcière qu'on ne voit que depuis la plage. Sergio essaie parfois de saisir ces apparitions avec son appareil photo.

Comme Sergio à Kerlidon, les habitants autonomes ont certes des visages, des histoires, des pratiques, des convictions qui traversent ce livre de part en part. Mais ils ont aussi accepté de remettre à des lieux une partie de leurs pouvoirs, de leur capacité à rêver, signifier, murmurer. Ils ont fondu leurs silhouettes dans des milieux touffus et changeants peuplés d'autres silhouettes et d'apparitions. Que ce soit en kayak ou, plus souvent, en camion, j'ai tenté d'approcher non pas des individus mais des lieux dans lesquels l'humain se résorbe et s'intègre à une foule protéiforme. Plus que des portraits ou des récits d'habitants, j'ai cherché à saisir des "récits de lieux de vie[3]" – lieux de vie qui eux-mêmes, comme Kerlidon et son profil de géant, acquièrent des visages, se muent en personnages.

Les fabriques de subjectivité n'ont pas toujours ressemblé à des musées, bibliothèques, églises ou grottes numériques tissées d'algorithmes et peuplées d'avatars. Les lieux autonomes sont aussi de ces lieux producteurs et transformateurs de psychés dans lesquels les contours humains deviennent plus flous, leurs frontières plus poreuses, leurs déterminismes et origines moins évidents et figés. Comme je l'ai évoqué, mon objectif est de donner corps aux mondes intimes et subjectifs nourris par l'autonomie. Parce que je m'intéresse aux capacités des lieux à mettre en branle ce que nous sommes et les histoires que nous racontons, je vais aborder celles et ceux qui m'ont accueillie non pas comme les personnages principaux d'une histoire mais comme des parties intégrantes de leurs lieux de vie, aux paroles tissées d'autres paroles, aux silhouettes mêlées d'autres ombres : celles de leurs ancêtres paysans, des Demoiselles et de la foule d'autres qu'humains qui peuplent leurs mondes. Pris dans une circulation des signes et présences de la vie, ceux-ci deviennent aussi des habitants des lieux, alimentant les humains en signes, images, supports de rêves et de fantasmagories.

Bâtir cette perspective nécessite de laisser suffisamment de jeu au départ entre les humains et leurs costumes, de ne pas enfermer d'emblée ceux qui vont habiter ce livre dans des catégories et des rôles sociaux trop figés. Étudier les individus dans le rapport sensible qu'ils entretiennent avec les lieux requiert de les aborder eux aussi quelque part comme des Demoiselles, en acceptant un certain flou et mystère dans leurs contours.

Parmi les silhouettes habitantes qui viennent animer ces pages, il y a donc Sergio, parcourant les rivages de Kerlidon, ancien marin devenu gardien d'île et Cédric à Kermel, non loin de là, qui s'est construit une cabane face à la mer. En Bretagne toujours, il y a Émeline à Dirlan qui développe ses kerterres et un jardin-jungle[I]. Il y a Bernard à la Courance et Fabrice à Jouy-le-Potier,

I. La kerterre, littéralement "maison de terre" (de *ker*, "maison" en breton et "terre") est un mot forgé par Émeline à Dirlan pour désigner de très petites maisons faites de terre, argile ou chaux mêlées de fibres végétales et modelées à la main, sans armature, qui durcissent (carbonatent) avec le temps. Une forêt-jardin ou jardin-jungle est une forêt "comestible" fournissant à la fois bois,

ex-mécaniciens convertis au maraîchage en biodynamie qui vivent chacun parmi leurs serres et leurs tunnels dans la campagne tourangelle. Il y a Antonin, ancien artiste qui rénove une ferme au Ricochet en Auvergne, Sylvie, pionnière des yourtes en France qui a acheté un bout de forêt dans les Cévennes pour y installer les siennes, et puis Olivier, qui habite à Nîmes un pâté de maisons dont il a incrusté les murs d'objets hétéroclites.

Un certain nombre de couples et de familles m'ont accueillie chez eux : Gilles et Caroline, occupés à transformer un pavillon Phénix en lisière de forêt tourangelle en habitat bioclimatique, Daniel et Céline qui ont rénové une ancienne maison de batelier en bord de Loire pour en faire une maison passive[I], Emmanuelle qui vit avec son compagnon dans la vallée de la Daurée dans une ancienne ferme troglodytique. J'ai aussi rencontré Rémi à la Ruche, apiculteur qui construit pour sa famille près de ses ruches un paligloo[II], Gérard et Marie au Petit Royaume qui ont remis sur pied tout un pâté de maisons dans leur petit village du Massif central, Henri qui a créé avec sa famille la ferme permaculturelle[III] de Pont-Espices ainsi que Patrick et Brigitte qui, depuis les années 1970, ont conçu et développé leur Maison Autonome en Loire-Atlantique.

Il y a enfin les habitats collectifs. Souvent désignés comme "écolieux" ou "écovillages", leurs statuts, configurations, tailles et règles de vie commune varient d'un lieu à l'autre. On y trouve aussi bien une coopérative d'une

---

fruits et légumes de maraîchage et plantes sauvages particulièrement courante dans les pratiques de la permaculture.

I. Maison dont la consommation énergétique au mètre carré est très basse, voire entièrement compensée par les calories émises par ou stockées dans le bâtiment.

II. Maison en terre à ossature bois modelée sur la forme d'un ballon de foot.

III. La permaculture est une démarche de conception de lieux de vie autonomes et résilients popularisée à partir des années 1970 par Bill Mollison et David Holmgren.

centaine d'habitants dans les Alpes-de-Haute-Provence (Londine), un écolieu de vingt personnes dans la forêt de Brocéliande (Nanterrel), un village troglodytique sur le plateau saumurois (Treffonde), un collectif de bergers, maraîchers, boulangers et artisans installé dans une ferme bourguignonne (les Gondilles). Mais aussi un village de yourtes dans le bocage angevin (le Petit Bonheur), un écolieu rattaché à un petit manoir de la campagne belge (Aldebuis), un autre dans le maquis méditerranéen transformé en une réserve de faune sauvage (le Val Vert), et enfin la ZAD bien connue de Notre-Dame-des-Landes.

Dans leur majorité, les habitants que j'ai rencontrés sont issus des classes moyennes et ne disposent pas de ressources matérielles et financières importantes[4]. Nombreux à avoir changé de métier ou à s'être formés pour se spécialiser dans un domaine professionnel lié à l'autonomie, beaucoup sont devenus ce que j'appelle des "militants de l'économie domestique" : à temps plein ou à temps partiel, ils et elles investissent leur temps, leur énergie et leurs différentes compétences à développer un lieu de vie et à faire fructifier ses différentes productions. Souvent, ces personnes sont aussi passées par des bouleversements importants dans leurs vies familiales et personnelles qui ont accéléré les changements de mode de vie qu'elles mûrissaient déjà et les ont notamment orientées vers des habitats légers et alternatifs : yourtes, maisons en terre-paille, zomes[I], tipis, camions aménagés, roulottes, kerterres ou tiny houses[II]. La réduction des besoins et de la consommation joue certes un rôle important dans leurs projets d'autonomie. Mais celle-ci n'est pas recherchée avant tout pour des raisons économiques et financières. Elle

---

I. Construction polyédrique constituée en général de matériaux légers.

II. "Micromaison" en bois d'une vingtaine de mètres carrés montée sur un châssis de remorque routière.

est plutôt animée par la volonté de se réapproprier son temps et les objectifs de son travail, à partir du rejet net de l'idée de devoir "passer sa vie à la gagner".

Singularités et filiations

Saisir ce que les habitants autonomes ont de neuf à nous apprendre nécessite de bien comprendre ce qui les distingue des communautés hippies et new age des années 1970. Celles-ci ont constitué en effet l'essentiel de la première vague du "mouvement du retour" à la terre et aux modes de vie ruraux qui s'est déployée de 1968 à 1973[5]. Cette filiation n'est cependant pas la seule à prendre en compte ni la plus lointaine jusqu'à laquelle on puisse remonter. Comme le rappelle la sociologue Geneviève Pruvost, l'influence d'origines paysannes et notamment du "modèle des grands-parents ou parents ouvriers ou agriculteurs pratiquant une agriculture vivrière" joue par exemple un rôle important[6].

Si filiation hippie il y a, il s'agit bien également de deux générations nettement différentes[I]. À l'heure actuelle, les habitants autonomes ne sont que très peu à vivre dans des communautés basées sur le partage d'une règle de vie identique et stricte. Ils préfèrent adopter des modes d'organisation plus souples qui prennent la forme de réseaux de maisons individuelles constitués en écovillages, écohameaux et en cercles d'entraide locaux encore plus informels. Sur le plan des mœurs, l'usage des drogues et les pratiques d'amour libre sont à la fois

---

I. Déjà dans les années 1970, des générations distinctes se succèdent et donnent des contours contrastés au "mouvement du retour". Hervieu et Léger observent une première vague, "communautaire" et "utopique" entre les années 1968 et 1973, suivie à partir de 1973-1974 d'une deuxième vague d'"installés", mieux préparés et plus enclins à l'intégration dans les institutions. Voir par exemple Bertrand Hervieu et Danièle Léger, *Le Retour à la nature. "Au fond de la forêt… l'État"*, Paris, Seuil, 1979, p. 77-78.

moins récurrents et moins revendiqués comme occupant une place centrale dans les projets de transformation sociale visés par les habitants. On ne retrouve pas non plus chez eux cette volonté de "retour au désert" ou ces projets d'isolement radical qui avaient pu caractériser la première vague du mouvement du retour en 1968[7].

Cherchant de manière explicite à susciter des changements de pratique au niveau de la société dans son ensemble, une majorité des lieux de vie autonomes sont ouverts aux visites et leurs habitants désireux de faire connaître ce qu'ils font. Par ailleurs, la mutualisation des moyens entre villages et hameaux voisins est fortement valorisée. Un certain nombre de "communs" et d'usages essentiels à l'autonomie – pacages, ramassage du bois de chauffe, petites infrastructures solaires, éoliennes ou hydrauliques – sont réfléchis à cette échelle.

Contrairement au mouvement hippie souvent friand d'intellectualité et de discours politiques, les habitants autonomes affichent aussi une grande méfiance, quel que soit leur niveau d'études, envers tout ce qui relève des savoirs théoriques. Geneviève Pruvost parle en ce qui les concerne d'une génération pragmatiste mettant à l'écart les théories et les "grandes idées" politiques[8]. Préférant se concentrer sur le développement d'un spectre de pratiques, techniques et savoir-faire concrets[9], ils insistent volontiers sur "la fin des grands récits" et sur la nécessité de l'expérience avant toute conceptualisation. Ils montrent une aversion marquée pour le "blabla", les "intellectuels exclusifs", les "grands mots" mais aussi, plus surprenant peut-être, pour les règles fixes, les images, les écrits, tout ce qui représente et menace de détourner le moment vécu. Pour eux qui cherchent à construire et à produire dans une confrontation directe avec la matière, en tâtonnant beaucoup, c'est dans les actes plus que dans les mots que l'on éprouve au quotidien le sens de ce que l'on fait.

En parallèle de cette défiance généralisée pour le monde du discours, les habitants affichent aussi une assez grande distance vis-à-vis de la culture. Certains pensent tout simplement en être dépourvus, comme Bernard, maraîcher à la Courance : "Moi, le dictionnaire, la langue et tout… j'ai rien de tout ça." Bernard applique d'ailleurs à la culture dont il dit se sentir étranger un qualificatif associé d'ordinaire à l'agriculture industrielle : "J'ai pas de culture vraiment « conventionnelle »." D'autres habitants expliquent que depuis qu'ils ont adopté le mode de vie autonome, ils consomment moins de produits de nécessité quotidienne mais aussi moins de divertissements et ne pratiquent plus les activités artistiques dont ils avaient l'habitude. À Lorelle, en Touraine, Caroline estime avoir moins besoin de jouer de la musique : "Je joue beaucoup moins d'accordéon depuis que j'habite à la campagne. À Paris, si j'en jouais pas, ça me manquait et c'était vraiment horrible. Ici, c'est bizarre parce que je n'en ai pas – j'en ai beaucoup moins besoin. La nature, c'est un tableau, c'est un concert de musique – ça apporte cet apaisement qu'apporte l'art, enfin qu'en tout cas moi je recherche dans l'art." Sylvie qui vit en yourte dans la forêt cévenole explique, elle, que son cinéma est ailleurs : "Mon cinéma, il est dans la forêt. Je ne me divertis plus, je n'ai plus besoin de vacances ni de divertissement. Je sais qu'il y a plein de choses qui vont arriver, qui vont se passer, des choses nouvelles qui vont me passionner. Des traces au sol, des plantes pliées par un passage. Tout ça, ça raconte des histoires."

Comment se fait-il que les habitats autonomes racontent ces histoires et bouleversent ainsi les sources et les formes de la culture ? Pour le comprendre, il faut aller voir – au-delà du "kit de l'autonomie" et des similitudes de parcours entre les habitants – ces traces, ces plis et ces passages évoqués par Sylvie. Étudiés de plus près, ces indices nous montrent que les habitants autonomes développent aussi un rapport au vivant spécifique et un tiers langage faisant se fondre ensemble langage et habitat.

CHAPITRE 3

L'HABITAT AUTONOME, UN MÉTIER À TISSER

Vivre dans un bateau

Quand Brigitte et Patrick ont emménagé à Moisdon-la-Rivière, en 1976, la famille partait tous les week-ends naviguer dans le golfe du Morbihan sur un petit cotre, un navire à un mât de 5 mètres de long. Leur nouvelle maison était tout exiguë, sans eau courante ni chauffage central ou électricité. Quand ils la retrouvaient après de longues sessions de navigation, elle leur donnait l'impression de continuer à vivre sur un bateau. Patrick s'est occupé du mât, une éolienne "à grande voilure" qu'il a fabriquée lui-même. Progressivement, la pointe du terrain rebaptisée "'tit bout" est devenue la proue du navire. Et la petite maison flottait si bien toute seule, elle jouait si bien son rôle de bateau, que la famille a vendu le cotre. L'argent a servi à rénover la toiture. Pour Brigitte, quarante ans plus tard, c'est comme si le bateau était toujours là, renversé sur le toit.

Comme le monde de la navigation qui a été pionnier en matière d'autonomie, les lieux de vie autonomes s'efforcent de fonctionner "avec les moyens du bord", à partir de stocks de matière et d'énergie qu'ils concentrent et optimisent. Les maisons autonomes conçues par l'architecte américain Mike Reynolds – capables de produire eau potable, énergie et nourriture – ont d'ailleurs été baptisées "earthships" ou "maisons-vaisseaux". Mais à l'instar des bateaux là encore, les lieux autonomes sont tout sauf refermés sur eux-mêmes. En effet, ils dépendent eux aussi pour fonctionner de "voiles" – soit d'un tissu de liens qui les inscrit en rapport étroit avec le monde vivant. S'ils sont parfois présentés comme des univers clos ou des lieux forteresses, c'est compter sans cette architecture d'échanges invisibles qu'ils déploient autour d'eux et qui, comme une voilure, leur permet d'être nourris et propulsés par les éléments de leur écosystème.

Sans surprise, la figure du bateau est particulièrement récurrente dans les lieux autonomes. On la retrouve à travers de multiples filets, cordages, portes de bateaux, "cabanes flottantes" ou de petits navires entiers parfois reconvertis en logements individuels. Plusieurs habitants ont aussi une solide expérience en navigation. Avant de vivre dans le village troglodytique de Treffonde, Gaspard gagnait sa vie en convoyant des voiliers. À Lorelle, Gilles quand il était jeune a aidé ses parents à construire leur bateau. Sur le chantier de sa maison bioclimatique, ceux qui viennent donner un coup de main signent un livre d'or semblable à celui que ses parents avaient mis en place pour leurs passagers.

Comme le montre la figure du bateau et son rapport ambivalent avec le milieu marin à la fois porteur de menaces, espace nourricier et milieu propulseur, l'autonomie recherchée par les habitants est donc loin d'une capacité absolue à s'autoréguler ou à maintenir une indépendance vis-à-vis du milieu environnant telle qu'elle supprime tous les déterminismes. Affirmée dans sa dimension à la fois matérielle et politique, l'autonomie dont il s'agit ici vise plutôt à développer un métabolisme de l'habitat suffisamment relocalisé et structuré pour qu'il puisse subvenir aux besoins vitaux en dépit des variations et aléas de l'environnement naturel, tout en étant le plus indépendant possible des services fournis par l'État et la société de consommation. Comme nous l'avons vu, dans son étymologie même, l'autonomie est donc une notion de politique environnementale, une notion de Demoiselles liée à l'idée d'un face-à-face avec le monde vivant et à la nécessité de naviguer à travers ses contraintes et ses richesses pour le constituer en lieu propre[1].

La toile de la vie

Transposition terrestre des voiles maritimes, le motif de la toile traverse de part en part les propos des habitants que j'ai rencontrés. Parmi eux, nombreux sont ceux qui, pour évoquer leur rapport au monde vivant, puisent dans le vocabulaire textile réhabilité par l'informatique et disent chercher à s'affranchir des "réseaux" tout en se "reconnectant" à la nature[I]. Pour Sacha, installé à Nanterrel dans la forêt de Brocéliande, construire une maison s'apparente au fait de "trouver sa place dans la toile du vivant". Au Petit Bonheur et au Val Vert, Antoine et Julien parlent de l'expérience de la vie en yourte dans la forêt comme d'une "toile à relier" et d'un "ressenti" textile qui se propage à travers tous les aspects de l'habitat. La ZAD de Notre-Dame-des-Landes est aussi décrite par ses habitants comme un *"entrelacement"* d'activités dans un bocage fait d'un "*réseau* de mares, de haies, de bois et de lisières[2]".

À bien des égards, la quête de l'autonomie est d'abord une affaire de tissage et de retissage de liens écologiques dénoués – entre les maisons et leur environnement

I. Le verbe "connecter" vient du latin *conectere*, "lier ensemble".

immédiat, mais aussi au niveau plus large du milieu naturel dont les habitants s'attachent à réparer et à densifier les mailles. Alors que nos sociétés promeuvent des habitats au métabolisme dépendant d'une "mégamachine" déterritorialisée, la vie autonome consiste au contraire, selon le permaculteur et activiste Rob Hopkins, à "retisser les réseaux complexes de relations bénéfiques qui représentent la trame de tous les écosystèmes et la base de leur bon fonctionnement[3]". Les maisons autonomes ne replient donc pas autour d'elles comme des chrysalides le tissu qu'elles sécrètent. Maisons-navires, elles fonctionnent aussi comme des maisons "navettes", contenant et dirigeant le fil d'un ouvrage qui se déploie à l'échelle plus vaste du territoire.

Loin de n'être qu'une métaphore abstraite, cette image de la toile se matérialise dans les pratiques des habitants. Formateur en permaculture, Rob Hopkins a souvent recours avec ses stagiaires à l'exercice de la "toile de la vie" qui représente à l'aide de fils de laine entrecroisés les réseaux trophiques[I] et relations d'interdépendance à la base de tout écosystème.

Les habitants autonomes utilisent également cet exercice pour organiser leurs lieux de vie, si bien que la modélisation des habitats sous forme de toiles d'araignée est relativement courante. À la Maison Autonome, Brigitte et Patrick se sont lancés en 2010 avec un groupe de voisins dans la création d'un écohameau. Représentés au sol sous la forme d'une grande toile à l'aide de cordelettes et de baguettes de bois, les différents espaces du lieu sont mis en évidence ainsi que les synergies qui existent entre eux, les ressources et infrastructures partagées apparaissant sur des étiquettes aux différents nœuds de la toile.

I. Structure constituée par les relations qui lient les organismes consommés à ceux qui les consomment et par laquelle l'énergie et la biomasse circulent, appelée plus communément chaîne alimentaire ou en anglais *food web*.

Dans *Que ma joie demeure*, Jean Giono consacre un long passage à la description d'un métier à tisser, cette machine composée d'un grand cadre (bâti) permettant de tendre et d'entrecroiser des fils qui trône dans la cuisine de son héros, Jourdan :

> en haut, là où sont sculptés le cerf et les étoiles, il y a tous les fils de laine de la chaîne, séparés les uns des autres, chacun avec leur force, leur couleur, leur personnalité propre, et, de l'autre côté, du côté d'en bas qui va des baguettes de lisses à l'ensouple, il y a tous les fils serrés et unis, il y a la toile, et elle n'est plus le fil, elle est la personnalité-toile, et la réunion de toutes les subtilités de couleurs de chacun tremble dans la toile comme les reflets de nacre dans les coquilles de la mer[4].

Giono donne une dimension "cosmogonique" au métier à tisser qui, sous sa plume, devient tout à coup porteur d'étoiles, de mers, de forêts. Mais l'écrivain érige aussi cette machine poétique en symbole de la condition rurale aux prises avec la toile du vivant. À de multiples égards, et notamment à la lumière du texte de Giono, les maisons autonomes peuvent être décrites elles aussi comme des "personnalités-toiles" composées de la réunion de multiples fils, humains et non humains, le mode de vie qui leur est associé faisant alors figure d'un véritable métier à tisser.

Du tissu au texte

Bien sûr, cette image du monde vivant comme "tissu" n'est pas nouvelle. Le physicien contemporain Fritjof Capra, dans *La Toile de la vie : une nouvelle interprétation scientifique des systèmes vivants*, a développé à loisir l'analogie[5]. Dans *Qu'est-ce que la vie ? De la physique à la biologie*, le philosophe et physicien Erwin Schrödinger compare les "dessins minutieux et pleins de significations" des cristaux apériodiques qui seraient à la base de la vie à un "chef-d'œuvre de broderie[6]". La métaphore sous-tend aussi la notion de chaînes alimentaires et de réseaux trophiques ainsi que celle de résilience écologique, cette capacité des milieux naturels à "rebondir" après un choc qui assimile les écosystèmes à des filets de sécurité ou à de gigantesques trampolines. Cette image textile est donc devenue un lieu commun dans nos manières de penser le monde vivant. C'est en quelque sorte une image banale, fragile, mais juste, dont toutes les implications n'ont pas encore été déroulées, notamment en ce qui concerne le domaine du langage. En écho à l'étymologie du mot "texte" – littéralement "tissu" en latin – et à l'appui d'idées déjà formulées notamment par Roland Barthes ou Jacques Derrida, le langage peut lui aussi être pensé en effet comme un tissu, une pelote[I], voire une toile d'araignée nourrissant un "entrelacs perpétuel" de significations[7]. L'image de la toile offre alors un véhicule précieux pour ne pas enfermer la poésie dans les textes mais circuler au contraire entre les tissus biologiques, les textes humains et les multiples passerelles imaginaires et sensibles qui se déploient entre eux.

L'image comme un nœud

C'est la nuit. À travers la fenêtre du wagon, j'essaie de voir quelque chose du paysage qui défile. Je distingue sur la vitre les lumières de maisons et de feux de circulation qui se mélangent à un second jeu de points lumineux, reflets des lueurs que l'on aperçoit par la vitre d'en face, de l'autre côté de l'allée centrale. Les deux nuées

I. En témoigne la "boule à écrire", machine à écrire mise au point par le révérend Hansen et ressemblant à une grosse pelote piquée d'épingles popularisée notamment par l'usage qu'en a fait le philosophe Friedrich Nietzsche.

de lumières se superposent, dans un entremêlement qui nie l'espace du train, résumant celui-ci tout entier à deux fenêtres pressées l'une contre l'autre, télescopant leurs reflets. Le train devient une machine à brasser le monde, à mélanger les lueurs. Pour le linguiste Jakobson, l'image poétique peut être décrite comme un "nœud" entre sens et sensible, susceptible d'apparaître aussi bien dans les textes littéraires que dans les tissus de signes du quotidien[8]. Les habitats autonomes, par la concentration de ressources et d'énergie qu'ils recherchent, favorisent la formation de ces nœuds. Pour mettre en place leurs toiles serrées et leurs "habitats-graines", ils froissent la matière de leurs mondes, en rapprochent les plis, en froncent la texture. Tout comme notre train de lumière, ce sont aussi des machines à rapprocher des éclats. En mettant sur le même plan des réalités auparavant disjointes, ils font alors apparaître leurs proximités insoupçonnées et leurs dénominateurs communs.

Dans *Comment la terre s'est tue*, le philosophe David Abram témoigne de la formation de telles images. Surpris un jour par l'orage en pleine forêt indonésienne, il se réfugie en hâte dans une grotte surplombant la campagne. Alors qu'il regarde tomber la pluie, accroupi au fond de la grotte, il se rend compte qu'une foule d'araignées se sont déployées à l'entrée, dans l'attente d'insectes chassés par l'orage. Des dizaines de toiles se tissent rapidement dans l'espace séparant le sol et le plafond, composant progressivement entre lui et la pluie un rideau fait de motifs rayonnants "se complexifiant sans cesse[9]". Comme les araignées par temps d'orage, nous allons voir que les habitants autonomes recréent face à l'effondrement des toiles nourricières qui se garnissent de leurs propres motifs "intriqués et vivants[10]". Les premiers foyers et "graines" d'histoires y sont d'abord des images "nœuds" formées au cœur des toiles écologiques qui, dépliées petit à petit, donnent matière à récit.

À la poursuite de ces nœuds et des images qu'ils suscitent, nous allons d'abord envisager la production poétique des lieux comme un ensemble d'images dissimulées à travers les habitats et leurs métiers à tisser. Quels entrelacements impromptus l'autonomie suscite-t-elle, quels signes et quels êtres met-elle en rapport poétique ? Quel état des lieux peut-on faire de ces gigantesques toiles autonomes, des étincelles qui surgissent dans leurs plis, et comment cela peut-il transformer notre regard sur les toiles et entrelacements qui portent nos vies ? Lancés dans une chasse au trésor, nous essaierons de repérer, comme le fait Gaston Bachelard dans *La Poétique de l'espace*, ces "soudains reliefs" et "départs d'image" qui ravivent l'imaginaire de l'habitat autonome[11]. Cependant, à la différence de Bachelard, ce n'est pas dans les textes littéraires mais dans les jardins, les entrepôts, sur les étagères ou sur les murs que se situera directement notre exploration. Nous verrons que dans chacune des grandes toiles que crée le métier à tisser autonome, ce sont non seulement des matières mais aussi des imaginaires qui se tissent et rentrent en collision.

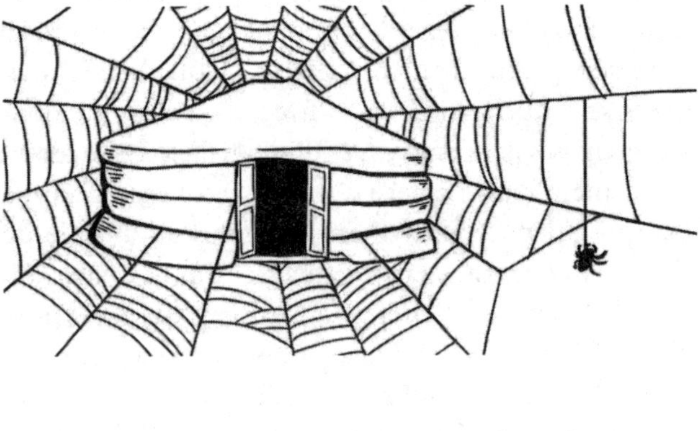

2^E^ PARTIE

LA FABRIQUE DES IMAGES

CHAPITRE 4

TISSER LA JUNGLE

Charlot m'entraîne à sa suite. Autour de nous, le petit bois s'ouvre en labyrinthe. Des trilles d'oiseaux fusent, tout proches. Je les entends qui ricochent dans les profondeurs du bois, s'égrainant en un chant de plus en plus lointain. Ils s'élèvent aussi à la verticale et s'étagent de plus en plus haut dans les feuillages, semblant monter les degrés d'une échelle invisible. À mesure que nous avançons, de petits îlots débroussaillés s'ouvrent çà et là dans le taillis. J'aperçois des potagers, des vergers, des habitations ou des appentis. Dans une allée en berceau, Charlot me montre des sections de troncs d'arbres couchées ou empilées les unes sur les autres comme des tambours de colonnes à demi effondrées. Elles abritent des cultures de champignons dont les noms sont écrits sur des ardoises : pholiote du peuplier, shiitaké, chicken of the woods[I]. Avec ses "murs de mûres" et ses alcôves potagères, Nanterrel prend des allures de maison qui se mange à la Hansel et Gretel. C'est là que vit mon hôte, Charlot, dans une petite habitation en torchis coiffée d'un toit de chaume. Nous passons devant un pied de courge enroulé autour d'un arbre. Charlot tâte du doigt les petites racines musclées capables de s'agripper au tronc. Il rêve de construire un jour un tunnel, un monde de courges dans lequel celles-ci soutenues dans des sacs pousseraient de tous côtés – en haut, en bas, en avant, en arrière. J'imagine leurs petits ventres jaunes, verts et orangés, allumant au plafond une nuée de lampions.

Comme une eau qui inonde

Pour construire leurs maisons, les habitants autonomes n'éclaircissent pas leurs terrains à grands coups de ciseaux. À l'image des Demoiselles, ils s'installent au contraire dans les plis d'un monde vivant dont ils s'évertuent à

I. Nom vernaculaire américain du polypore soufflé.

restaurer la diversité, la profondeur et les enchevêtrements. Cette prolifération végétale, premier type de tissage que nous allons observer, rapproche l'habitat d'un habit "chrysalide" dans lequel on s'enroule et qui, comme chez les Demoiselles, va s'allumer par endroits de reflets métamorphiques.

Souvent, cette enveloppe vivante est déjà présente autour des habitats. Situés en grande majorité en zone rurale, les lieux autonomes défient les GPS et peuvent nécessiter des instructions détaillées pour être trouvés. Occupant parfois d'anciens sites productifs comme des fermes, des carrières de pierre ou des poteries, ils s'articulent à des milieux naturels variés – fonds de vallées ou collines boisées, cœurs de bocage, plateaux cultivés, levées de fleuve, îles ou bords de mer, landes et prairies. La clef de l'autonomie va être de laisser prospérer ce milieu environnant et tous les habitats biologiques qu'il renferme – certains habitants comme Julien au Val Vert acquérant par exemple des hectares de forêt pour en faire des refuges LPO[I] et des sanctuaires préservés de la chasse. Mais elle va aussi consister à faire pénétrer cette prolifération du monde vivant sur toute la surface du terrain habité.

Installés pour beaucoup d'entre eux sur d'anciennes friches, les terrains autonomes sont conçus pour la plupart sur le modèle des "jardins-jungles" ou des "forêts-jardins". Comme chez Charlot rêvant à Nanterrel d'un "tunnel" de courges, l'espace cultivé n'est plus imaginé comme une surface plane mais comme un *milieu* comestible dans lequel on s'enfonce et dont les multiples étages fournissent nourriture, bois de chauffage, plantes médicinales et matériaux de construction.

Les empreintes au sol sont minimisées, notamment par le recours à des habitats "légers" sans fondations qui ne bouleversent pas la structure ni la vie

I. La LPO (Ligue pour la protection des oiseaux) est une association de protection de l'environnement fondée en 1912.

du sol. Parfois rassemblés sous la forme d'écohameaux ou d'écovillages, les lieux de vie sont alors composés d'une diversité de logements individuels et familiaux, de bâtiments à usage collectif et modulable et enfin de lieux de production : parcelles cultivées, ateliers de transformation, hangars, chantiers. Dans ces différents espaces, la végétation est comme une eau qui inonde : on la veut abondante, profonde, et on la contourne, précautionneusement. Disséminée sur le terrain, une foule de meubles, appentis, stocks, cuisines d'été et cabanes en tous genres disparaissent dans la profusion végétale. Les sentiers, souvent à peine esquissés, sont à la fois démultipliés et effacés. Surtout tracés à l'usage, au gré des passages des êtres humains ou des animaux, ils se déploient tout en circonvolutions et serpentements. Parfois, les chemins sont même "codés", comme à Notre-Dame-des-Landes où je les ai vus signalés par de simples bouts de bois inclinés contre des troncs d'arbre à travers la forêt.

Des treillis souples de liens

À proximité des logements, les terrains tout entiers deviennent "comestibles". Les parcelles de culture au sol se diversifient dans leur contenu, combinant légumes, arbres fruitiers, fleurs et aromatiques. Elles se feuillettent dans leur épaisseur avec la pratique très courante de la culture en lasagnes[I]. Chaque plante est exploitée autant que possible dans toutes ses parties – feuilles, racines, fleurs, graines, fruits. On consomme les feuilles de betterave, les fleurs de moutarde, de bourrache, de courgette, les pousses de semis éclaircis et toutes sortes de graines germées.

I. Technique de culture maraîchère utilisant comme substrat une superposition de couches de matières organiques en décomposition : terre, carton, fumier, herbes, feuilles ou paille.

Le paillage des surfaces, le compostage sur place des plantes désherbées, le semis à la volée et le travail léger des sols transforment leurs couvertures en des tapisseries complexes et touffues. Les espaces cultivés varient en une mosaïque de plates-bandes mais aussi de "mini-jardins" qui gagnent en hauteur et se construisent dans la verticalité. Les potagers sont plantés d'arbres fruitiers et aménagés en buttes de plusieurs étages. À travers le terrain, les hampes des plantes que l'on a fait monter en graine pour en recueillir les semences prennent quand on les porte à bout de bras des allures de flambeaux.

La multiplication de ces tissus végétaux trouve son paroxysme dans les serres et les châssis, espaces de condensation et d'enchevêtrement par excellence[I]. À bien des égards, l'organisation des lieux reflète la façon dont, selon Michel Serres, le monde vivant occupe le temps et l'espace, "par treillis souples de liens entre des singularités menues[1]". Des portails en tiges de robinier, clisses de clématites et ronces desservent les entrées tandis que des arbrisseaux entrelacés à des pieux selon la technique des haies "plessées[II]" délimitent les espaces. Les clôtures, balcons, abris pour animaux, appentis, vérandas et ombrières sont couverts de plantes grimpantes comestibles telles que la vigne, le kiwi, le houblon, les haricots, les courges ou le concombre. Souvent construits eux-mêmes en matériaux d'origine végétale (osier ou bambou), les treillis et treilles permettent de démultiplier les espaces de cultures qui débordent des cadres traditionnels du verger et du potager. Ils s'agencent en tonnelles et pergolas, empruntant parfois des formes arachnéennes : des roues de vélo ou des câbles rayonnant

---

I. Le mot serre vient d'ailleurs étymologiquement du verbe "serrer". Voir Rey-Debove & Rey, *op. cit.*, 1986, p. 1805.

II. Le plessage est une technique pour façonner des haies vives consistant à entrelacer des rameaux d'arbrisseaux et des ronces autour de pieux ou de troncs d'arbres afin de créer une clôture végétale naturelle.

autour d'un piquet sont utilisés comme supports de plantes grimpantes.

Les tissus touffus de la végétation prolongent et enrobent les maisons elles-mêmes. Des serres leur sont parfois accolées ou sont intégrées directement à leur structure. Des bassins et filtres plantés auxquels sont raccordées les cuisines et les salles de bains permettent de nettoyer les eaux grises grâce aux racines purifiantes de plantes aquatiques telles que les roseaux, le phragmite, les scirpes, le lotus. À proximité des maisons, ils forment des parcelles d'eaux dormantes habitées de plantes étoilées, chevelues ou hérissées à travers lesquelles il faut se frayer passage. À Pont-Espices, selon une technique traditionnelle, les rhizomes des iris plantés au faîte des toits de chaume permettent de renforcer le maillage des fibres végétales et d'en drainer l'humidité. Les maisons voient aussi les plantes intégrées directement à leur architecture sous la forme de toits végétalisés, d'arches végétales ou d'arbres vivants inclus dans

la charpente de certaines cabanes. Les haies et halliers s'agrègent souvent de manière si serrée autour des maisons qu'ils composent parfois depuis l'extérieur un véritable camouflage. À Dirlan, je suis restée longtemps sur le bord du chemin, incapable de trouver la porte malgré la voix d'Émeline qui me parvenait de l'autre côté des buissons.

Nicher dans les nœuds

Entremêlée sur le double plan horizontal et vertical, en surface et en profondeur, la végétation constitue des interfaces poreuses qui délimitent et architecturent l'espace, protègent du vent tout en laissant passer la lumière. Elle redéploie dans l'air, au sol et sous la terre des niches et alvéoles qui multiplient les habitats et se font les refuges d'espèces qui reviennent aux abords des maisons : chevreuils, lapins, chouettes, rares rainettes bleues, crapauds accoucheurs au chant flûté, engoulevents migrateurs nichant au sol et "faisant un bruit de mobylette". À Jouy-le-Potier, les panais et carottes que Fabrice laisse monter en graine ou fleurir créent des abris et des réserves de nourriture pour les insectes. Émeline à Dirlan multiplie les petites mares pour que des grenouilles viennent s'y abriter : "Je fais plein de petites mares, dans chaque petite mare il y a une grenouille, là elles sont chez elles."

Au Val Vert, Julien cultive un verger comprenant plus de cent arbres fruitiers d'une grande variété. Ayant transformé une partie de son terrain en réserve naturelle, il dit se sentir "entouré de milliers de formes de vies". Si les sentiers des humains s'estompent et s'entremêlent, avec la vie animale qui prolifère, les voies de circulation tracées par les bêtes et insectes se démultiplient d'autant. Dans les terrains cultivés, le travail léger du sol assure la reconstitution du réseau souterrain de galeries creusées par les vers qui permettent d'assurer l'aération de la terre, son drainage ainsi que le transport des nutriments propices à la vie du sol. Avec la pratique de l'apiculture, de nombreux habitats devenus aires de butinage voient leurs différentes plantes reliées à la ruche par les réseaux enchevêtrés et transparents des vols d'abeilles. Marque ultime de la densification de la "*toile* du vivant", les toiles d'araignées utilisées comme pièges naturels à moucherons et insectes retrouvent droit de cité. Dans les granges, les étables et les greniers, elles prolifèrent aux plafonds et dans les encoignures des fenêtres, parfois si denses qu'on croit voir des bouts de nuages accrochés là, en rideaux pour tamiser le soleil. Fruits de la densification du tissu biologique à travers l'habitat, de telles images, loin d'être rares, se multiplient dans les nombreux tapis et enveloppes qui regarnissent les lieux de vie.

Par le trou de la serrure : apparitions dans le tissu végétal

De part et d'autre des allées de Nanterrel, les troncs minces et les branchages serrés déploient des profondeurs hachurées, formant des murs épais brodés de lumière. Ici, en dehors de la dizaine d'habitats légers dispersés dans les clairières, l'architecture générale est fournie par la forêt. Dans ces longs couloirs et ces salles vertes, je repense au film *Peau d'Âne* de Jacques Demy, au salon-clairière de la fée des Lilas avec son miroir enfoui dans un buisson, les colonnes blanches de ses bouleaux et ses sièges en rocher.

À l'entrée d'une clairière, j'aperçois un verger et un grand tipi. Sur le seuil, juste devant moi, un poirier s'avance, tendant en travers du passage une branche feuillue. Au bout de celle-ci pend une magnifique poire qui accroche les rayons du soleil et fait ployer le rameau. Gros, mûr, d'un emplacement peu commode, le fruit a malgré tout été contourné et préservé au fil des passages. Étrangement, les rôles s'inversent, car ce n'est pas la poire, mais bien moi qui me retrouve "cueillie" avec surprise par sa présence et par le geste d'offrande qu'elle dessine[I]. Subitement, la poire n'est plus un fruit à croquer ou à consommer mais un centre, une composante à part entière de l'habitat, comme une sonnette, un gland de rideau, une poignée de porte qu'il convient d'envisager et de (con)tourner pour pouvoir entrer. Une image du film *La Belle et la Bête* de Jean Cocteau me revient, celle de ces bras-chandeliers sortant des murs et tournant sur eux-mêmes pour éclairer Belle à son entrée dans le château. Au cœur de Nanterrel et de son grand dédale de salles vertes, la poire pivote au seuil de plusieurs mondes – clairière, verger, salon, couloir – rayonnant à l'interface des espaces hybridés du jardin et de la maison, empruntant à l'un et à l'autre des formes qu'elle mélange.

Enchevêtrant habitations, vergers et potagers, laissant parfois proliférer les plantes jusqu'en travers des chemins, le terrain de Nanterrel fait émerger des images hybrides et kaléidoscopiques dans lesquelles objets domestiques, plantes et attributs humains enchâssent leurs formes. Les croisements et les frottements amenés par la profusion végétale ne créent pas ainsi des "départs de feux", comme chez les Demoiselles, mais des "départs d'image[2]". Ceux-ci enflent, grossissent et vont parfois jusqu'à former autour d'un simple fruit des "nuages de choses[3]".

L'exemple de cette poire n'est pas anodin. Plus nous tissons de relations avec le monde vivant qui nous entoure – et plus ce monde vivant est lui-même un tissu de liens –, plus sont nombreuses les occasions de frottements et de collisions porteurs d'images. Repensons à Alice qui, l'œil collé à une serrure, observe chez Lewis Carroll son jardin merveilleux. Quelque part, tous les jardins et leurs entremêlements de feuillages, de buissons, de haies et de massifs quadrillent et hachurent l'espace en une nuée d'œilletons, de serrures végétales et de scintillements producteurs d'images.

I. Le mot "accueil" vient du verbe latin *colligere*, "cueillir". Voir Rey-Debove & Rey, *op. cit.*, 1986, p. 21.

Ancienne professeure de piano, Émeline vit à Dirlan dans un habitat qu'elle a conçu, la "kerterre", une petite chambre-igloo modelée dans un mélange de terre, chaux et chanvre. Posé à même le sol, ce type singulier d'habitat léger n'a ni fondations ni charpente. Émeline y dort sur un lit de fougères au cœur de ce qu'elle appelle son "jardin-jungle", une forêt-jardin qu'elle a développée au fil des ans où arbres, fruits et légumes s'entremêlent et poussent à tous les étages.

Peu de temps après son installation, un soir de tempête, Émeline a entendu à l'intérieur de sa kerterre une série de bruits étranges qui semblaient venir du sol, sous elle, à l'emplacement même où elle était couchée. En inspectant le terrain le lendemain, elle s'est rendu compte qu'un frêne immense, situé pourtant à une quinzaine de mètres, envoyait ses racines jusque sous la kerterre. Émeline qui avait voulu se passer de lit s'était donc installée sans le savoir au-dessus d'un énorme nœud de racines. Jusque dans ses grincements, celui-ci recréait dans la terre un "sommier végétal", et c'était lui qu'elle entendait parfois la nuit gémir dans le sol. Combinée au dénuement matériel, la prolifération biologique fait ainsi réémerger à Dirlan, sous la même forme et dans le même "bois", le fantôme poétique du sommier disparu. Avant de partir, je suis restée un moment à regarder le frêne. J'imaginais tout un peuple de cabanes couplées à une forêt, une grande forêt d'arbres étendant sous elles leurs longues mains de racines pour que l'on vienne s'y reposer.

CHAPITRE 5

DES NŒUDS ET DES BOUCLES QUI BRILLENT

Il y a d'abord eu des feux de camp. Dans les tas de bois, on creusait de petites chambres pour que l'étincelle puisse partir. Ces architectures miniatures, les premières maisons de main d'Homme, étaient des maisons de feu. Peu à peu, la petite pièce au cœur du tas de bois a grandi, et l'on s'est mis à "construire" le feu à des échelles de plus en plus vaste. La maison de feu s'est dédoublée, autour d'elle est apparue la maison d'Homme. D'abord grands et profonds, les foyers sont devenus de plus en plus plats, de plus en plus étroits. On les a entourés de faïence, puis on les a tordus en tuyaux de radiateurs, collés aux murs, aplatis en planchers chauffants et ravalés dans les parois. Le feu ne brûlait plus dans la maison, il coulait dans ses veines, invisible. Aujourd'hui, il ne reste plus des foyers et cheminées que des traces, des ombres sur le mur : un manteau de marbre, une plaque au sol, une paroi qui sonne creux.

Dans l'histoire de ce long effacement progressif, les habitats autonomes marquent une rupture. Dans les murs des maisons et à travers les terrains, les foyers réapparaissent – et ce ne sont pas seulement des foyers de feu, des monceaux de bois, de braises, mais une ribambelle de piles et de tas de toutes natures. Digérant et réagençant leurs éléments, ces foyers d'un genre nouveau couvent des fermentations et combustions silencieuses.

Les machines à métamorphoses

Les habitants autonomes cherchent comme nous l'avons vu à réparer, multiplier et densifier les toiles du vivant présentes sur leurs lieux de vie, pour prélever dans ces tissus d'échange de quoi satisfaire leurs besoins quotidiens. Cependant, ils ne se contentent pas de tisser de la matière vivante. Comme l'explique Charlot à Nanterrel, les habitants concentrent, "mélangent, font de l'intensité, centralisent les énergies", leurs maisons étant d'ailleurs souvent comparées à des "maisons-graines". Ils s'efforcent alors d'avoir un minimum de déperditions dans les diverses nourritures qui alimentent le métabolisme de l'habitat, selon le principe qu'un lieu de vie est écologique quand il transforme et consomme ses propres déchets.

D'après l'une de ses définitions les plus simples, une machine est un engin qui transforme l'énergie. Elle fait passer celle-ci d'un aspect à un autre, d'un état à un autre. Or les composts et les tas que les habitants autonomes multiplient autour d'eux sont d'un certain point de vue des machines, des machines chrysalidiques qui nouent et enroulent sur elles-mêmes la matière et l'énergie pour les recomposer en de nouveaux assemblages. Le second type de tissage que j'ai observé dans les habitats se déroule donc là : au creux de ces tas, composts et magasins qui, servant à faire passer des éléments d'une texture à une autre, d'un tissu à un autre, agissent eux aussi comme de mini métiers à tisser et "machines à métamorphoses".

De multiples produits des activités de la vie quotidienne sont d'abord accumulés à travers les lieux en vue de leur compostage, suscitant des rencontres et mélanges plus ou moins incongrus. Les épluchures des fruits et légumes mais aussi les coquilles d'œuf, le marc de café ou les excréments humains sont entassés dans des bacs à compost, additionnés de matières sèches et transformés par la fermentation en un terreau fertile qui nourrira les cultures. Dans les parcelles, les herbes, pousses et adventices coupées lors du désherbage sont laissées sur place pour que les nutriments et l'azote qu'elles contiennent puissent à nouveau amender la terre. Parfois, des buttes de culture prennent l'allure de monstres voraces auxquels on donne en pâture un ensemble d'objets hétéroclites. À Nanterrel par exemple, Charlot a confectionné une butte de permaculture géante qu'il nourrit de terre, de crottin de cheval, d'oignons, de graines et même des restes de la dalle en terre battue qui recouvrait le sol de sa chaumière.

Au-delà des tas de composts, les habitants développent des réserves de toutes natures : tuiles, bois, fumier, ferraille, vieux meubles, électronique, mosaïque, paille, terre, argile, tuffeau. Dans ces sortes de "magasins" relocalisés et rapatriés à l'intérieur des terrains, ils concentrent et vont puiser occasionnellement des éléments de mêmes compositions, formes ou propriétés physiques – matières premières, déchets organiques, matériaux de construction, pièces détachées.

Accumulant matière et énergie dans leurs différents espaces – jardin, abris, greniers, hangars – ils les intègrent également aux enveloppes de leurs habitats où se multiplient les niches, recoins et anfractuosités. L'été, la nourriture est emmagasinée dans de grands trous ménagés dans la terre, frigidaires naturels qui profitent de la température stable d'environ 12 degrés Celsius conservée par le sol en dessous de 5 mètres. L'eau est recueillie dans des citernes ou prélevée grâce à des puits et forages reliés à des nappes phréatiques. Tout un réseau de conduction et de collecte aux formes enchevêtrées permet d'accroître les capacités de stockage. Rigoles, gouttières, capteurs et collecteurs d'eau, filtres décanteurs sont alors utilisés pour faire circuler l'eau sur les bâtiments et à l'intérieur de l'habitat. Certains jardins empruntent aussi leurs formes ou leurs logiques à celles des stocks : la spirale aromatique[I], un jardin des simples enroulé sur lui-même qui permet de combiner à l'échelle d'une même butte différents microclimats et conditions de

---

I. Installation qui consiste à étager et à enrouler sur lui-même le jardin des simples pour lui donner la forme d'une spirale. Aménagé sur un monticule de 1 à 1,5 mètre de haut, ce type de jardin permet d'arroser les aromates à l'aide d'un seul asperseur et donc de minimiser la quantité d'eau utilisée, tout en offrant à des plantes dont les besoins diffèrent des conditions variées d'humidité et d'ensoleillement.

culture, des panières garnies de paillis et posées au-dessus de trous de compost sur lesquelles on fait grimper de la vigne ou des tomates, des tonneaux à pommes de terre troués à leur base que l'on renverse au moment de la récolte et qui évitent la corvée du bêchage.

Des murs gloutons

L'intégration d'objets entiers ou de fragments aux structures et enveloppes – murs, planchers, plafonds, sols – se retrouve fréquemment à travers les habitats, notamment parce qu'elle permet d'y favoriser l'accumulation de la chaleur en augmentant l'inertie thermique des parois. À Nanterrel et à Notre-Dame-des-Landes, on trouve incrustés aux murs des cabanes des tessons de céramique, des galets, des fragments de verre coloré, des bidons d'eau, des bouteilles en verre, parfois des pneus de voiture entiers. Rappelant les liens étymologiques entre les racines indo-européennes des verbes "construire" et "entasser[I]", des tas sont parfois intégrés directement à l'architecture des bâtiments. À Londine par exemple, un bâtiment sanitaire est construit sur un socle de chaux dans lequel ont été insérées plusieurs couches superposées de bouteilles en verre dont on voit les culots apparaître. Celles-ci ont pour fonction d'isoler la construction des remontées d'humidité. À Dirlan, le toit de l'une des kerterres est recouvert de copeaux de bois et d'un entassement de pierres de toutes tailles parmi lesquelles mousses et plantes grasses poussent pêle-mêle. Enfin, les stocks se développent parfois aux

I. Dans le système des racines proto-indo-européennes (PIE), les racines *kωei, *kωer ou *kra[u], kru convergent autour des idées de faire, fabriquer, et d'un ensemble de gestes élémentaires – couper, entasser, arranger, composer – à la base de la construction en général et de l'habitat en particulier. Voir la plateforme *Indo-European Lexicon. PIE Etymon and IE Reflexes*, https://lrc.la.utexas.edu/lex/master/1098.

frontières des habitats. Cela a notamment été le cas à Notre-Dame-des-Landes, lors des opérations d'expulsion de la ZAD en 2012 et 2018 qui ont vu se multiplier aux points de contact avec les CRS d'imposantes barricades composées de bottes de foin, de barques, de carcasses de voitures et de banderoles.

La conception thermique des habitats accorde également une grande importance au stockage énergétique. L'hiver, la chaleur produite par l'ensoleillement ou les foyers est captée, accumulée et véhiculée le plus longtemps possible à travers l'habitat via un ensemble de dispositifs d'optimisation thermique : serres bioclimatiques, dalles réfractaires, planchers chauffants, poêles à double combustion, *rocket stoves*[1] et poêles de masse, enduits en argile, chaux, terre ou plâtre permettant d'augmenter l'inertie des surfaces intérieures et extérieures, bouteilles remplies d'eau caloporteuses, puits canadiens utilisant l'énergie solaire emmagasinée dans le sol, conduits de distribution de chaleur. Les creux, poches, niches et le choix de matériaux naturels perspirants favorisant l'évaporation de l'humidité par capillarité permettent de stocker selon les besoins l'air frais ou l'air chaud dans des espaces-tampons.

Le motif de l'enchevêtrement est ainsi au cœur des processus d'isolation, orientés tout entiers vers la mise en place à travers l'habitat d'un réseau de circulation de l'air selon un maillage le plus étendu et dense possible. Certains des dispositifs intégrés à ces "réseaux de chaleur" prennent eux-mêmes la forme d'un entrelacs, comme les chauffe-eau solaires constitués d'un réseau de tuyaux en plastique noir installés sur les toits. Matériau très aéré, la paille fait office de "tissu" à la fois perspirant et isolant

---

1. Petit poêle doté d'une isolation empêchant toute déperdition de chaleur et permettant une combustion quasi complète, ce qui donne la possibilité de cuisiner ou de faire chauffer de l'eau avec très peu de bois.

permettant de construire des murs capteurs accumulateurs. Des matières telles que le chanvre ou la laine de textiles recyclés sont également intégrées aux sols, murs et plafonds pour garantir l'isolation. Chez Annabelle à Londine, les rondins de bois qui composent les murs de la maison sont creusés un par un et leur intérieur garni de petites étoupes de chanvre. À la Maison Autonome, ce sont des toisons de mouton entières qui sont utilisées pour isoler les combles.

Une maison-stock

L'habitat autonome tout entier peut être considéré de manière générale comme une "maison-stock". Sur la ZAD de Notre-Dame-des-Landes, les parois de la cabane où je suis accueillie sont constellées de bouteilles et bocaux en verre incrustés dans le mortier qui laissent passer la lumière et créent des poches de chaleur. Cette capacité à accumuler et à contenir déjà marquée dans les murs de la cabane est renforcée par le nom de "Boîte Noire" qui lui a été donné. À Nîmes, alors qu'il rénovait son toit, Olivier qui se retrouvait embarrassé par un stock de tuiles dont il ne savait que faire a eu l'idée de les intégrer directement aux murs de sa maison : "J'ai dit on arrête, on les stocke. Et pour diminuer le stock, rapidement, j'ai fait ça." Au fil du temps, trois des quatre façades du bâtiment ont été recouvertes de fresques incrustées d'objets de récupération divers, transformant le bâtiment en une concrétion de tuiles, vaisselle cassée, matériaux de construction, fragments d'ustensiles et pièces détachées. En plus de rares inscriptions, dates ou dessins, on trouve aussi des tuiles, tommettes, briques, et mosaïque ou encore guidons, roues, pneus, pédales de vélo, fil de fer, barreaux d'échelle, tasses, assiettes, théières, ressorts de matelas ainsi que quelques plantes, pierres et sections de troncs d'arbre.

L'épi d'où essaiment les mondes

Les objets et matières qui regarnissent l'habitat n'opèrent pas cependant comme de simples remplissages transparents : ils drainent avec eux leurs mondes et leurs nuées d'images, provoquant des concentrations et des emboîtements fertiles en métaphores. Les bocaux incrustés dans les murs de la Boîte Noire à Notre-Dame-des-Landes en sont un bon exemple. Créant dans les parois des poches translucides et lumineuses où la chaleur apportée par l'ensoleillement peut s'accumuler, ces anciens contenants alimentaires mettent sur le même plan nourriture, lumière et chaleur. En écho aux plantes qui transforment la lumière pour s'en nourrir et synthétiser leur matière organique, les bocaux fonctionnent comme un rappel du dénominateur commun qu'ont la nourriture, pourvoyeuse de calories, et la lumière, qui émet de la chaleur. Le contenu des bocaux est donc aussi une métaphore, celle de la nourriture comme lumière intérieure ou de la lumière comme nourriture extérieure. Une image pas si étrange que ça puisque plusieurs habitants autonomes ont évoqué devant moi leur fantasme de pouvoir, comme les plantes, devenir "autotrophes" et être capables de "se nourrir de lumière[I]".

À la Maison Autonome, chez Patrick et Brigitte, les toisons de moutons qui ont été fixées à l'envers du toit pour assurer son isolation réactivent l'expression figurée de ciel "moutonné" par laquelle on désigne les couvertures nuageuses faites de gros flocons ronds et duveteux agrégés les uns aux autres. Ce stockage de laine au revers du toit a donc aussi pour effet d'"exaucer" une image, celle de moutons-nuages rapprochés par leur forme moelleuse, leur texture laineuse, mais aussi par la fonction qui leur est à tous deux associée, l'isolation visée par les toisons de moutons faisant écho à l'effet de serre de la couverture nuageuse.

Les rapprochements suscités par les stocks autonomes vont parfois jusqu'à matérialiser des images célèbres de la poésie littéraire. Lors de mes déambulations dans l'écolieu de Nanterrel, je débouche un jour dans une vaste prairie occupée par un hangar à bois, un verger, un camion, des ballots de paille et, derrière un rideau d'arbres, un ensemble de bâtiments ocre pâle aux murs ondulés. J'aperçois une porte-fenêtre éclaboussée d'une boue de couleur blonde, ailleurs un mur a débordé sur une porte et absorbe la poignée dans une gangue de terre. Par endroits les murs sont lisses, doux et dorés comme un coteau de tuffeau, ailleurs ce sont des bottes de paille empilées à peine recouvertes d'enduit, ailleurs encore ils sont tout boursouflés et nappés d'un épais mélange dans lequel on distingue les traces des doigts qui l'ont étalé. C'est un chantier de maisons en bauge, une technique de construction ancestrale à partir de

I. Du grec *auto*, "le même", et *trophê*, "nourriture". En biologie, est autotrophe ce qui est capable d'élaborer ses propres substances organiques à partir d'éléments minéraux.

mottes de terre crue mélangées à des fibres végétales. Dans la maison principale, l'enduit qui recouvre les murs, incrusté par endroits de minuscules épis de blé, laisse transparaître des indices des bottes de paille qu'il recouvre. "Nous aimions que la fente dans le mur fût cet épi dont essaiment les mondes". C'est un vers d'Yves Bonnefoy[1]. Un vers que je vois soudain réécrit, tagué devant moi, dans ces épis qui font brèche et permettent d'observer au travers du mur, et plus loin encore, à travers les bottes de paille qui s'entrouvrent pour laisser voir leur berceau de soleil : un grand champ de blé entouré de forêts, des insectes qui volent, une poussière dans l'air, l'odeur des moissons, la chaleur de l'été.

CHAPITRE 6

DES MAISONS TISSÉES DANS LEURS MILIEUX

Dans son autobiographie, Agatha Christie raconte comment elle aménageait petite des maisons de poupée dans les placards de sa nursery[1]. Encastrées dans des murs ou construites dans des boîtes ouvertes sur un côté et assorties d'un toit, les maisons de poupée en disent long sur une certaine conception de l'habitat comme "contenant", élaboré dans l'abstraction la plus complète vis-à-vis de son environnement[2]. À l'exception de la cheminée peut-être et des robinets, rien ne permet dans ces modèles d'associer la maison à un corps qui, doté d'un métabolisme propre, est traversé d'échanges d'énergie et de matière.

Si l'on s'attachait maintenant à construire une maison de poupée fidèle à la manière dont les habitants autonomes conçoivent leurs lieux de vie, il faudrait pouvoir accrocher à la maison un soleil de bois peint coulissant sur un arceau de fil de fer, des voiles de mousseline grise pour représenter les vents, un étang de tissu bleu bouillonnant, des reliefs de collines, plateaux et vallées en papier mâché, des arbres en coton, et, dispersées un peu partout, de grandes nappes de tulle noir pour les zones ombragées.

La toile bioclimatique

Chaque matin, Emmanuelle ouvre au chat qui attend à la fenêtre de sa chambre puis elle descend dans la salle à manger allumer le feu. Avec la tempête que la région a essuyée récemment, le feu prenait très vite. À la Daurée, ce n'est pas à la radio mais dans cette cheminée qui chauffe toute la maison qu'Emmanuelle sait avant même d'être sortie le temps qu'il fera dehors. Le petit foyer noir plein de cendres de l'insert est sa fenêtre de lecture, et la flamme qui jaillit ou non de l'allumette au-dessus de la pile de bois son oracle météo. À présent, le vent est retombé et le feu prend mal. Emmanuelle est obligée de se servir de son soufflet, sa petite "machine à vent" pour le mettre en route.

Comme nous l'avons vu, les maisons autonomes sont faites de plusieurs "résilles" superposées. En plus d'un tissu foisonnant d'espèces animales et végétales et d'un réseau de stocks où se nouent les matières et les énergies, les habitants tissent autour d'eux comme des araignées de nombreux liens "bioclimatiques" qui raccordent le corps du lieu et ses variations au corps de la maison. La sensibilité et l'"expressivité" du système de chauffage d'Emmanuelle face aux aléas de la météo ne sont qu'un exemple de la façon dont le métabolisme de l'habitat est réinscrit dans son environnement. Vent, ensoleillement, rayonnement et masques solaires[I], humidité, pluviosité, température, altitude et reliefs, composition des sols et de la végétation, microclimats : toutes ces caractéristiques du terrain sont étudiées par les habitants et déterminent le choix du mode de chauffage des bâtiments, leur orientation, leurs matériaux, leur architecture et leurs techniques de construction.

I. Obstacles entravant l'ensoleillement d'une zone ou d'une installation.

Ces critères permettent alors de dessiner les "coutures" et l'architecture invisibles de l'habitat, comme si les bases des maisons – leurs "patrons" – étaient déjà tracées en pointillé dans chaque lieu. Pentes exposées au soleil ou à l'ombre, bassins versants et emplacement des cours d'eaux, zones susceptibles d'érosion découpent les canevas d'ombre et de lumière, d'eau et de terre, de roc et de sable à travers lesquels les habitants viendront passer leurs aiguilles. En climat tempéré, il s'agira de planter des coupe-vent près des parcelles cultivées, répartir les cultures selon leurs besoins en eau et en ensoleillement, exposer les pièces de vie au soleil ou encore utiliser des matériaux réfractaires pour stocker l'énergie solaire et favoriser sa diffusion lente. Au-delà des bâtiments, ce sont aussi les usages et les gestes des habitants qui se reconfigurent, s'infléchissant, comme les plantes, selon la course du soleil, au gré de la vie du sol, du cycle de l'eau et des mouvements de l'air.

Ce tissu de liens entre les ressources climatiques du lieu et les besoins des habitants sert de base à certaines des logiques de stockage que j'ai décrites, notamment en ce qui concerne les réserves d'eau, de fraîcheur et de chaleur. Il est aussi essentiel pour aider les habitants à épaissir leurs toiles biologiques, le climat étant le facteur le plus déterminant en matière de diversité végétale et animale. Les bâtiments prenant en compte les conditions du site et de l'environnement pour réduire leurs besoins en énergie sont dits "bioclimatiques". Ils régulent donc leur température – se "climatisent" – en s'appuyant sur les caractéristiques de leur milieu naturel.

À Lorelle par exemple, en Touraine, Gilles et Caroline ont entrepris de transformer un cas typique de "maison-boîte", un pavillon Phénix des années 1970, en pavillon bioclimatique. Pour cela, ils ont décidé d'appuyer la rénovation de la maison sur la forêt qui la borde. Debout face à la lisière, Gilles désigne l'étendue des bois devant lui : "Tu vois tous ces arbres ? Le but c'est d'avoir une maison qui est autonome en énergie avec son terrain. On est à l'ombre des arbres. Or les arbres, leur métier, c'est d'attraper l'énergie du soleil et de la donner sous une forme stockable, facilement utilisable et transformable qui est du bois. Le bois est l'énergie dominante disponible ici." La forêt est ainsi considérée par Gilles et Caroline comme partie intégrante de la maison et de son fonctionnement. La transformation en maison bioclimatique de leur pavillon passe par l'ajout de deux couches extérieures qui vont lui permettre de fonctionner en autonomie énergétique avec son milieu. Une première, tout autour de la maison, est composée de murs en botte de paille recouverts d'enduits naturels. Ces matériaux perspirants créent un tampon mélangeur et stabilisateur entre les températures de l'air intérieur et de l'air extérieur. La seconde, constituée par l'enveloppe vivante de la forêt, protège la maison et ses cultures des vents tout en fournissant une source de combustible renouvelable pour les mois d'hiver. Gilles et Caroline diminuent ainsi leurs besoins en énergie non pas en isolant et en calfeutrant hermétiquement leur maison vis-à-vis de l'extérieur mais plutôt en refaisant circuler à travers elle l'air et l'énergie solaire synthétisée par le lieu.

Posséder son élément

Au gré de ces liens bioclimatiques, la reconnexion des habitants au milieu vivant s'accentue. Un lien fort est retrouvé non seulement avec un tissu d'espèces animales et végétales mais aussi avec l'air, l'eau, le feu ou la terre. La plupart des habitants entretiennent un rapport privilégié et immersif avec un élément en particulier. À Kermel, Cédric assimile les moments qu'il passe dans son tipi avec l'entretien constant du feu, si bien que les deux en viennent dans son discours à se mélanger insensiblement. Le tipi devient le feu, et le feu devient tipi : "Tu vis le truc, tu vis le tipi. Moi, le rapport au feu, je l'ai depuis gamin. Je trouve que c'est à l'intérieur de nous-mêmes à tous, ça captive un feu, c'est vivant." Julien qui vit en yourte au Val Vert ou Sergio, gardien d'île à Kerlidon, conçoivent quant à eux leurs lieux de vie comme des portails pour goûter la majesté des moments d'orage associant le grand vent aux éclairs, à la pluie torrentielle et à la terre qui tremble. Chez Émeline à Dirlan, les kerterres modelées dans la terre du lieu et nommées d'après elle permettent dans leur nudité de ré-exposer dans l'habitat les quatre éléments conjugués. À l'intérieur, dans une gangue de terre lisse sans rupture apparente entre le sol et les murs, on n'aperçoit rien d'autre que le foyer de la cheminée et un puits de lumière où stagne un peu d'eau de pluie.

Bougies célestes

Les relations étroites entre le corps du lieu et le corps de la maison favorisent le tissage d'un réseau d'images et de correspondances. Dans les kerterres par exemple, un puits de lumière ou *skydome*[I] fournit à l'habitat durant la journée une source bioclimatique d'éclairage et de chaleur, remplacée au coucher du soleil par la lueur de la cheminée et des bougies. Lors de mon passage à Nanterrel, j'ai passé la nuit dans l'une de ces kerterres. Le soir venu, alors que j'étais couchée à l'intérieur sur un tapis de sol, je remarquai que la lumière des bougies dispersées dans la petite pièce se reflétait dans le hublot du *skydome* au-dessus de moi. Leurs petits points brillants venaient se mélanger et se confondre avec d'autres lumières, celles des étoiles que j'apercevais aussi à travers la vitre, piquées dans la voûte nocturne. Et je ne savais

I. Mot anglais, de *sky*, "ciel", et *dome*, "dôme" ou "coupole". Sorte de hublot de plafond, lanterneau vitré servant à ménager un puits de lumière.

plus très bien lequel de ces points était étoile, lequel était bougie. Couchée là à observer cette collision de lueurs dans le grand œil de la kerterre ouvert sur la nuit, j'aimais les parentés secrètes que je voyais se former entre des étoiles devenues bougies célestes et des bougies promues étoiles terrestres. Et dans un demi-sommeil, je regardais la nuée de petites flammes fantômes se muer dans le *skydome* en un essaim d'abeilles qui butinait le ciel.

CHAPITRE 7

L'ENCHEVÊTREMENT DES USAGES

La ferme de la Courance occupe un ruban de terre étroit, en balcon sur une petite vallée. Depuis la route, un sentier escalade une butte et mène jusqu'à un grand portail. De là, j'aperçois un mobile home caché derrière une rangée de pêchers et deux entrepôts de fortune. Je longe à pied la barrière en montant parfois sur le remblai pour voir si Bernard est là. Je distingue des outils abandonnés dans les parcelles, leurs gestes suspendus qui parsèment le terrain d'éclairs d'animation muette. Je crois saisir des mouvements, comme si quelqu'un s'affairait près du hangar, mais le signal disparaît. De l'autre côté des parcelles, à flanc de coteau, un chemin serpente à l'ombre d'un gros noyer, longe les serres puis s'enfonce dans la forêt. Je dépasse les tunnels, arrive au niveau des vergers. Au loin, les bâches en plastique qui emballent les pans du mobile home s'agitent et se gonflent de vent. Sur le fond des feuillages et le mur sonore des oiseaux, leur respiration lente prend un côté féerique. Et ce n'est pas une silhouette, mais tout le corps du lieu qui commence à bouger et à chatoyer sous mes yeux, comme une grande toile chamarrée ondulant en silence.

Je repasse un peu plus tard, Bernard vient de rentrer. C'est un petit homme souriant d'une cinquantaine d'années, au corps fin et sec, avec une voix douce qui tremble un peu. Installé pendant longtemps en AMAP[I], il cultive en biodynamie et se contente maintenant de fournir des légumes à des agriculteurs bios du coin. Il y a quelques années, alors qu'il louait une maison dans une commune des environs, ses voisins ont commencé à le harceler, ses outils ont été volés à plusieurs reprises. Puis il a perdu son permis. Plusieurs fois par semaine, il s'escrimait à aller vendre ses légumes en tracteur dans des villes éloignées. L'argent ne rentrait plus – Bernard s'est retrouvé sans logement. Avec son mobile home et ses grandes bâches blanches gonflées par le vent, ce terrain à flanc de coteau a fait office de bateau. Il est arrivé

I. Association pour le maintien d'une agriculture paysanne.

juste à temps pour le maintenir à flot, le sauver du naufrage. Aujourd'hui, Bernard produit pour lui-même et pour son entourage. Ayant grandi dans le milieu agricole, il sait, dit-il, "s'organiser pour la survie", mais il essaie aussi "de se soigner". Autour du mobile home, il a construit une grande carapace en bardeaux de bois qui agrandit la surface habitable et permet d'améliorer l'isolation. Le bout de forêt attaché au terrain lui fournit du bois de chauffage et du bois de construction. Il collecte l'eau de pluie. Avant d'avoir des panneaux solaires, la vie entière de Bernard tournait autour de son tracteur. C'est lui qu'il fallait mettre en route pour faire fonctionner le groupe électrogène dont dépendaient ensuite tous les autres équipements électriques. Bernard devait tout programmer en même temps. Il mettait le contact du tracteur, allumait le générateur, lançait l'arrosage des plantes, la lessive et fonçait sous la douche.

Une organisation en toile d'araignée

Tous les habitants autonomes ne s'installent pas dans les mêmes conditions de précarité, d'urgence et de solitude que Bernard. Cependant, que l'autonomie soit choisie ou subie, hâtive ou progressive, affranchie totalement ou partiellement des énergies fossiles, elle a toujours pour effet de mettre en place dans le quotidien des "enchevêtrements d'usages" comparables à cet arrosage simultané, à la Courance, des plantes, corps et vêtements. C'est là le dernier grand type de tissage caractéristique des lieux de vie autonomes. Comme nous l'avons vu, leurs habitants cherchent à multiplier les tissus biologiques, les nœuds d'énergie et de matière ainsi que les liens bioclimatiques avec le milieu. Mais ils essaient également de connecter le plus possible entre eux les espaces et les pratiques, selon trois principes clefs de la permaculture : la polyvalence – chaque espace de l'habitat doit satisfaire à plusieurs besoins –, la redondance – chaque besoin des habitants doit pouvoir être satisfait par plusieurs espaces –, et enfin, le zonage – chaque activité étant installée à plus ou moins grande distance du logement selon son degré de fréquence. L'habitat se répartit alors en différentes zones ou cercles concentriques, les lieux se signalant par une organisation caractéristique "en toile d'araignée".

La recherche de polyvalence s'observe d'abord au niveau des équipements. Mis en réseau, les organes de la maison sont utilisés pour une variété de fonctions. L'eau chaude pour la salle de bains est obtenue par exemple grâce à des cuisinières ou poêles à bois bouilleurs qui, l'hiver, alimentent aussi les radiateurs et assurent le chauffage des pièces. L'irrégularité de la production d'énergies renouvelables ou l'utilisation en appoint de groupes électrogènes incite les habitants à planifier en simultané, comme chez Bernard, tous les usages énergivores – douches chaudes, lessives, arrosages, forages, broyages. Les eaux grises de la cuisine et le compost des toilettes sèches sont réinjectés dans le jardin, les toits récoltent l'eau de pluie, les puits deviennent frigidaires, les panneaux solaires se font les abris de jardins d'ombre.

Des lieux aux multiples visages

Cette reconfiguration des usages donne à l'environnement quotidien une versatilité et une multiplicité de visages. Elle engendre par exemple l'apparition de machines hybrides. Des vélos d'appartement sont connectés à des machines à laver – l'énergie motrice libérée pendant le pédalage permettant de faire tourner le tambour de la machine sans électricité et de laver son linge tout en faisant de l'exercice. Des urinoirs sont intégrés à des arrosoirs, des poulaillers montés sur roulettes ameublissent et fertilisent la terre à mesure qu'on les déplace, des tourniquets pour enfants reliés à des turbines et à un jeu de batteries permettent de charger des lampes et de s'éclairer après le coucher du soleil. Si cette connectivité se retrouve dans les habitats conventionnels à l'heure de l'expansion de la domotique, elle passe dans les habitats autonomes par des dispositifs low-tech capables de fonctionner avec un minimum d'apport énergétique et gouvernés avant tout par la recherche d'autonomie plutôt que par celle de la prouesse technologique.

L'enchevêtrement des usages transforme aussi les espaces. Certaines serres abritent des cailles en liberté pour lutter contre les cloportes mais aussi des poulaillers fermés, de la pisciculture, des buanderies ou même des salles de bains. Des jardins sont intégrés aux halls d'entrée et aux pièces à vivre. Saupoudrées de marc de café comme apport nutritif ou couvertes de laine de mouton pour protéger la vie du sol, les parcelles des potagers extérieurs s'hybrident, à l'inverse, avec les espaces de la cuisine ou de la chambre à coucher. Des toilettes sèches sont transformées en poulailler et de mini-serres sont encastrées dans les toitures. À l'extérieur, chaque site abrite un patchwork d'activités, comme à la ZAD de Notre-Dame-des-Landes où "sur un même champ, le groupe verger plante des arbres en bordure, le groupe céréales effectue une rotation de sarrasin et, l'année suivante, c'est le groupe patates qui met en terre ses tubercules[1]". Ces usages trouvent leur origine dans la pratique traditionnelle de rotation des cultures qui permet la reconstitution des sols, la diversification des modes et des types de production augmentant aussi le degré de résilience face aux chocs et aux aléas climatiques. Dans un modèle inspiré par l'équilibre agrosylvopastoral, les habitants autonomes s'efforcent de restaurer à l'échelle de leurs lieux de vie une combinaison de pâturages, d'espaces forestiers et de parcelles cultivées. Dans les lieux de vie collectifs, cet entrelacement de liens et d'activités peut faire figure de "fouillis[2]". Il rend en tout cas visible un "entremêlement d'existences" qui, comme en témoignent les habitants de la ZAD de Notre-Dame-des-Landes, "peine à rentrer dans les cadres[3]".

Cependant, cette confusion a une fertilité propre. Les objets qu'elle met sur le même plan en viennent incidemment à se transporter les uns dans les autres, mélangeant leurs imaginaires. À la Daurée, le "tractopoule" convoque l'image de tracteurs surmontés de gigantesques cous à plumes. À Pont-Espices, le poulailler installé dans la serre et les sacs de coquilles d'œuf suspendus aux branches font s'entrechoquer les règnes animal et végétal. Dans cet enchâssement de mondes, les plumes des volailles se transforment en pétales, les œufs en fruits tandis que les tomates et les aubergines poussent en caquetant. À Nanterrel, la serre-buanderie nourrit aussi son lot d'images. De loin, ses entremêlements de feuillages et de linge font naître des visions d'arbres à pulls, d'espaliers de pantalons – comme si l'on avait trouvé un engrais miracle pour cultiver sur pied des vêtements organiques faits de tissus vivants. Se profilent les contours d'un monde inversé, un monde dans lequel ce ne serait plus les êtres biologiques que l'on produirait de manière industrielle, mais les objets artificiels qui seraient produits de manière organique. Ainsi, la proximité physique des plantes et du vêtement fait apparaître entre eux une fibre commune. Dans ses plis, la serre digère tout ce qu'elle ingère et produit les méandres d'un récit délirant.

À Treffonde, Nils a construit au-dessus de sa cave troglodytique une autre serre aux fonctions enrichies : "En fait, j'ai construit la serre en partie pour pouvoir voir le ciel, voir les étoiles quand je suis allongé, et surtout pour pouvoir écouter la pluie. J'adore le chant de la pluie, quand il pleut c'est magique, tu as l'impression d'être dans une cathédrale de pluie." Chez Nils, le monde à la fois densifié, enchevêtré et transparent de la serre fonctionne bel et bien comme un amplificateur sensible, une chambre d'ombres et d'échos dans laquelle se mélangent les hampes des plantes et les piliers, les étoiles et les vitraux – les bruits de la pluie sur le verre et les gouttes de pas sur la pierre.

3e PARTIE

LA FABRIQUE DE LA RELATION : DES LIEUX DE VIE QUI TRANSFORMENT

CHAPITRE 8

LE TISSU APPELLE LE TISSU

Quand j'étais petite, il y avait au sous-sol de la maison, juste à côté du piano, un imposant métier à tisser. Ma grand-mère s'y asseyait souvent, et c'était pour moi comme un second piano étrange, un autre grand instrument dont elle tirait une musique visuelle, colorée et laineuse, mêlée de ronronnements et de percussions mates. Un jour, j'allai fouiller dans les pelotes de laine. J'en emportai un tas dans le jardin et me mis à les dérouler une à une entre les troncs d'un petit bois de bouleaux, emmêlant les arbres dans une sorte de vaste toile d'araignée horizontale qui découpait le bosquet en petites alvéoles. Je convoquai alors ma famille pour un grand spectacle. Passant d'une alvéole à l'autre, je racontais une histoire dont je ne me souviens plus mais dont le rythme suivait la partition laineuse et colorée du bosquet. J'expérimentai alors dans ce petit bois des entrelacements entre toiles biologiques, tissus textiles et fils de récits que j'allais retrouver plus tard dans les lieux de vie autonomes, comme à Cantoyourte. Attentive aux "plantes pliées par un passage", aux traces et aux fragments de récit qui s'y accrochent, Sylvie les emmaillote de tissu et transforme sa forêt en une gigantesque broderie qui raconte des histoires. Dans l'ensemble des lieux, les tissus biologiques sont redoublés de la même manière par des motifs réticulaires et textiles proliférants. Travestissant les habitats, cette esthétique multifacette et scintillante cristallise l'attachement que les habitants ont pour leurs lieux de vie et marque les premiers signes d'une relation poétique au dehors.

Habiller la forêt

Autour de moi, les treillis et les perches qui soutiennent la yourte de Sylvie disparaissent dans les éclats du patchwork. Du sol jusqu'au plafond, de l'enveloppe des murs jusqu'aux tapis, nappes, coussins et matelas, tout se compose ici de fragments de lainages et de tissus de toutes les couleurs cousus main. Lorsque je les balaie du regard, ils se télescopent les uns avec les autres, me donnant l'impression de me mouvoir au sein d'un gigantesque kaléidoscope.

Le tissu ne fait pas que recouvrir les objets et leurs surfaces, il les imprègne, les phagocyte. Le long des perches, des hamacs à objets remplacent armoires et étagères. Habits, meubles et murs partagent la même texture. Dans la cuisine, près de l'évier, des ustensiles sont rangés dans une dizaine de poches arrière de vieux jeans qui, découpées et cousues les unes avec les autres, semblent tailler le vêtement monstrueux d'une créature dotée de cinq ou six fesses. Au centre de la yourte, une pluie de cravates multicolores déferle du puits de lumière et, comme la queue d'un superbe paon-vigie monté sur le toit, compose une lampe naturelle rayonnante de couleurs.

Ce monde fait de treillis de bois noyés dans le patchwork ne s'arrête pas lorsque l'on pousse la porte de la yourte. Dehors, c'est un petit coin de forêt suspendu en bordure de falaise, au beau milieu des Cévennes. Dans cette forêt dense qui s'étage en paliers et restanques[I], le royaume de Sylvie, Cantoyourte, se poursuit à l'identique – depuis le petit sentier qui mène vers son domaine où des troncs emmaillotés de laine indiquent le chemin, à la barrière d'entrée en lanières et rubans jusqu'au sous-bois lui-même, qui disparaît dans les fanions et les guirlandes d'étoffes tendues entre les troncs. Partout où l'on pose les yeux, on aperçoit mêlé aux frondaisons végétales un "autre feuillage" textile de triangles rayés, rubans pailletés, carrés à pois de toutes les couleurs. Ils bordent le regard, se superposent et s'étagent en festons scintillants.

I. Murets de pierre sèche montés en terrains pentus pour retenir la terre et aménager des terrasses de culture.

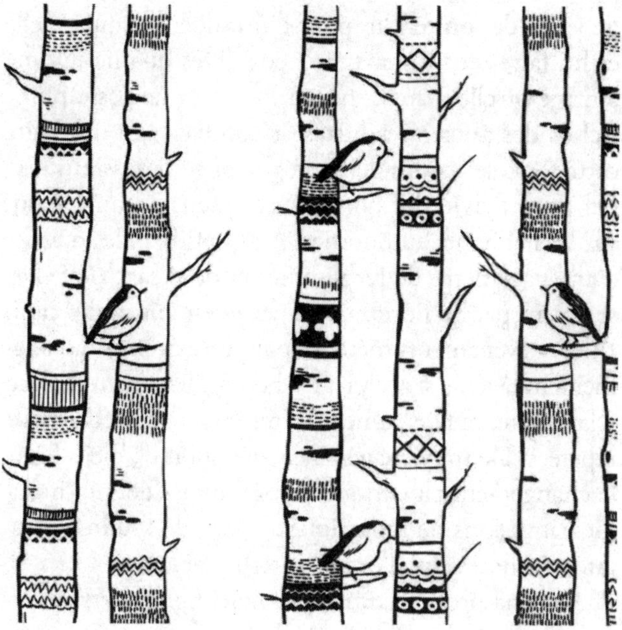

Cet ancien terrain minier "ré-enrésiné" d'un demi-hectare a longtemps été connu comme sauvage, abandonné, enclavé. Lieu de résidence, de militance et de dissidence, cette terre très pauvre, malgré les efforts de Sylvie, n'est pas une terre nourricière. La roche est affleurante, les pins qui acidifient le sol sont nombreux mais on y trouve pourtant plus de quarante espèces d'arbres différentes. En entretenant régulièrement la forêt, Sylvie peut se fournir en bois de chauffe et en bois de construction pour ses yourtes. Cachée dans un recoin du domaine, une cabane en ruine est entourée de tas de tuiles brisées. Selon Sylvie, c'est "une terre qui a souffert, qui a été martyrisée, malmenée. J'ai récupéré des tuiles, et c'est là où j'ai compris que ça avait été un carnage volontaire. Une tuile, quand elle tombe naturellement, elle ne se casse pas en mille morceaux comme ça. Donc ça a été vraiment saccagé ici. À plusieurs époques, ça a pas mal bagarré".

Aujourd'hui encore, aux limites de sa parcelle, des chasseurs gardent leurs chiens et tirent parfois en direction de

Sylvie et de son terrain pour l'intimider, se jouer d'elle et lui faire sentir leur présence : "Dès qu'une femme affirme qu'elle a aussi son territoire, ça ne passe plus." Échos des anciennes luttes et combats qui ont agité cette terre, les coups de feu réguliers sont aussi un rappel pour Sylvie des nombreuses menaces qui pèsent sur les habitants autonomes. Au quotidien, les travaux d'aménagement, de fertilisation et de tissage de Sylvie se paient par de nombreuses pertes en raison des canicules et événements météorologiques extrêmes qui augmentent. Même si elle va chercher régulièrement de l'eau à la rivière, Sylvie peine à lutter contre les sécheresses répétées. De manière générale, elle subit de plein fouet le changement climatique : arbres morts de soif, maladies, invasions de moustiques, coups de foudre dévastateurs, succession d'orages interminables.

Au sens propre comme au sens figuré, Sylvie aujourd'hui "vit dans la tempête". Pour l'heure, elle campe sur ses positions. Refusant de "mourir comme une andouille dans son appartement", Sylvie veut continuer à lutter pour son mode de vie. Elle poursuit donc à Cantoyourte son travail d'araignée et d'infirmière, son "art sauvage" *kintsugi*[1] recousant aux fils d'or les voiles desséchées de sa forêt. Ancienne couturière, elle y recycle d'innombrables chutes de tissu, soulignant le tracé des sentiers et traversant les sous-bois de ribambelles de rubans qui sont autant de pansements et de points de suture étincelants posés sur les blessures du terrain. Suspendus à des filins ou à de longues perches en bois, les fanions tracent dans le fouillis des arbres les coutures et ourlets de grandes chambres invisibles. Un "lierre" d'étoffes envahit le couvert forestier. Au gré de ce maillage, une deuxième forêt de tissu, une "forêt brodée" apparaît dans la doublure de la forêt

1. Le *kintsugi* est un art japonais qui s'exerce à réparer des objets cassés à l'aide de poudre d'or, soulignant ainsi la préciosité des fissures et fêlures comme cicatrices porteuses d'histoire et de beauté.

biologique. Souvenirs évanescents de la forêt qui s'en va, fantômes des arbres et de la vie disparus, ces rambardes et prothèses de tissu renvoient le reflet de la fragilité et de la précarité du milieu forestier. Au fil de ces gestes de réparation lente, Sylvie esquisse entre les branches les contours d'un art qu'elle dit "fugace", art furtif et tremblant d'un monde en fuite gagné par l'effritement.

Çà et là, au détour d'un sentier, Sylvie me montre d'autres traces de son travail réparateur : des boules de bruyère desséchée travaillées avec de la laine, de jeunes plants encadrés de barrières en branches et cordes entrelacées, de petits soleils de brindilles emmaillotées dans des étoffes, des arbres morts entremêlés de fleurs et d'étoiles en tissu. Mais aussi des masses de lianes assemblées et recouvertes de vigne, un fauteuil fait de grosse corde installé dans un arbre ou encore un wigwam[I] tressé en rejets de châtaignier et coiffé d'une tombée de rubans…

Les efforts de Sylvie pour soigner sa forêt et retisser son écosystème en l'arrosant, en minimisant les empreintes au sol, en plantant des arbres, en consolidant des terrasses, se doublent ainsi de l'apparition d'une esthétique complexe et multifacettes. Dans cette forêt longtemps prise pour refuge par les camisards, ces paysans protestants insurgés qui se reconnaissaient aux "camisoles" blanches qu'ils portaient, le déploiement textile provoqué par Sylvie réveille leur mémoire. Ici, le tissu des vêtements humains se fragmente et s'intègre aux tissus vivants, l'habit ne colle plus à la peau mais se diffracte et vient se confondre, comme chez les Demoiselles ariégeoises avec leurs chemises blanches suspendues aux arbres, avec le corps de l'habitat[II].

I. Hutte ou tente des Indiens d'Amérique du Nord.
II. Cette indistinction fait écho au fait que les mots "habit" et "habitat" viennent tous deux du verbe latin *habere*, "avoir".

Un travestissement progressif du monde

Cette prolifération du motif textile n'est pas due uniquement à l'ancien métier de couturière de Sylvie. Sous ses dehors à la fois féeriques, excentriques et réparateurs, sa forêt brodée traduit sous une forme exacerbée le phénomène de contamination esthétique qui se retrouve chez toutes celles et ceux qui recherchent l'autonomie, des plus timides aux plus radicaux, et que l'on peut résumer ainsi : "le tissu appelle le tissu".

Condensant et entrecroisant les matières et les énergies, les habitants autonomes tendent autour d'eux de grandes toiles de liens qui, leur fournissant chaleur et nourriture, se répercutent aussi dans l'aménagement et dans l'esthétique des lieux. Certains habitats légers sont parfois faits tout entiers de murs en tissu (yourtes, tipis), de rejets de châtaignier ou de paille tressée (wigwams), de fibres de chanvre mêlé à de l'argile, de la terre ou de la chaux (kerterres). Comptant de nombreuses portes et cloisons en tissus, rubans ou treillis souples, les habitats intègrent également quantité de filets, hamacs et voiles dans leur aménagement ainsi que des passerelles, balcons et séparations construits en filets de pêche. Du côté des jardins, les parcelles se couvrent de voiles protecteurs contre les insectes ou de laine de mouton utilisée comme substitut à la paille.

Comme pour les Runa d'Amazonie étudiés par Eduardo Kohn chez qui "la forêt tropicale déborde de formes de vie et de strates représentationnelles différentes[1]", ces tissus écologiques et utilitaires, débordant de leurs usages pratiques, s'épaississent et se dédoublent. Les liens écologiques ne restent pas cantonnés à la sphère économique ou technique et aux tâches très prosaïques de la vie quotidienne. Ils offrent des supports et points d'accroche à la vie sensible et intime des habitants qui vient s'y entremêler et se façonner à leur image. Pour le biosémioticien Jacob von Uexküll, nos intériorités se constituent en effet elles aussi comme des toiles : "tout sujet tisse des relations comme autant de fils d'araignée avec certaines caractéristiques des choses et les entrelace pour faire un réseau qui porte son existence[2]". Dans les habitats autonomes, la toile du vivant sert également de nourriture aux toiles existentielles des habitants. Au fil de mes explorations, je l'ai vue se propager dans les imaginaires et dans les formes prises par les lieux.

Habitant de yourte au Val Vert et ancien ingénieur nucléaire, Julien a ainsi mis "des tentures, des broderies, des petits fanions tibétains, parce que la yourte est un habitat en tissu", et que ce tissu est aussi "un ressenti" amené à se propager. Clothilde à Londine expose dans sa yourte une "pierre-tissu" – "une pierre qui n'a pas du tout la forme ni la texture d'une pierre, dont on pourrait penser que c'est un tissu, ou de la soie, quelque chose de très léger quand on le porte". Au Petit Bonheur, l'habitacle doublé de feutre des yourtes dote celles-ci d'une très bonne acoustique et appelle également les tissus de peau des tambours, dont plusieurs habitants jouent à la tombée de la nuit.

Dans le village troglodytique de Treffonde où prolifèrent les boyaux et les grottes connectées les unes aux autres, une dentelle de pierre se développe également sur le flanc du coteau et les murs des maisons : "Autour des arcades, on a commencé à faire des dessins celtiques en bas-relief, avec des petits dragons qui se mordent la queue, des entrelacs celtiques." Zéphyr, tailleur de pierre et copropriétaire des lieux, raccorde et tisse les éléments entre eux, "pour ne pas juste laisser traîner, pour ne pas qu'ils disparaissent". Chez Olivier Jullian à Nîmes, le pâté de maisons qu'il a décoré de mosaïques et fresques à l'aide de fragments de vaisselle et d'objets divers récupérés est "pris en écharpe" par la toile que tisse Pénélope dans l'*Odyssée* d'Homère. Celle-ci s'entrelace à la myriade d'autres éléments représentés sur les murs et leur fournit une sorte de "fil" conducteur : "J'ai fait partir la toile qu'elle tisse le jour et détruit la nuit avec ces petits carrés de tuiles, ça passe derrière elle, ça ressort, ça re-rentre, ça ressort ici, là-bas et ça va prendre le bâtiment en écharpe."

Le motif textile se retrouve également dans différents objets d'ameublement ou de décoration, à commencer par ces nombreux fanions colorés qui ornent souvent les potagers, les cours, les balcons et les allées des habitats autonomes. J'ai observé aussi toutes sortes d'ornements torsadés, sièges et plates-bandes en fibres, attrapes-rêves en fils de laine, de fer ou en brindilles tressées déclinés parfois en taille gigantesque à l'échelle même des parcelles cultivées.

Le recours au motif textile s'accentue en effet dans les éléments de l'habitat faisant office d'interfaces avec le monde végétal. Chez Sylvie à Cantoyourte, à l'intérieur comme à l'extérieur, l'entrelacement des formes et des couleurs fait écho au foisonnement du monde vivant et aux stimuli sensoriels multiples – sonores, olfactifs, thermiques – qui traversent son enveloppe. C'est le cas aussi chez Cédric à Kermel dont la serre, recouverte à ses deux entrées de filets de pêche, apparaît d'abord au visiteur "au travers des mailles", en écho aux réseaux de l'écosystème qu'elle abrite. Des filets de pêche ont aussi été utilisés par Cédric pour construire des passerelles et balcons "accrobranches" reliant sa cabane à deux grands cyprès. Assortis de bastingages et façonnés en triangles par le vent de la côte, les arbres prennent l'allure de voiles de bateaux. Les maisons autonomes sont alors, pour reprendre les mots de Thoreau, "comme le logement du crustacé", non pas "surchargées mais *tapissées* de beauté" là où elles entrent en contact avec la vie[3].

Une technologie de l'attachement

Sur le plan visuel, les habitats sont dominés par des textures et matières multifacettes, scintillantes et kaléidoscopiques privilégiant le grouillement et le feuilletage des formes et des couleurs : fenêtres en vitraux, surfaces brillantes, mosaïques, patchworks. Loin du style minimaliste souvent associé aux démarches écologiques dans les intérieurs urbains, cette diversité fait là encore écho à la richesse des stimuli sensoriels offerts par le foisonnement biologique. Quand Sylvie à Cantoyourte parle de l'art du patchwork qu'elle pratique depuis des années, elle souligne le lien entre la concentration de matière et d'énergie opérée par les habitats autonomes et l'émergence de cette esthétique : "C'est très difficile d'assembler tout ça. C'est très difficile de faire, à partir de toute cette diversité, de toute cette pluralité, quelque chose d'harmonieux, quelque chose d'unique." À la Maison Autonome, Brigitte montre aussi la façon dont l'extrême condensation des habitats se répercute sur leur apparence lorsqu'elle dit vouloir "faire en sorte que tout soit intégré et prenne le minimum de place, en mettant beaucoup de couleur aussi".

Cependant, cette esthétique de la réticulation et du scintillement se démarque par les pouvoirs adhésifs et attachants qu'elle exerce. Selon les théories de l'anthropologue britannique Alfred Gell, les décorations à motifs complexes ont en effet pour caractéristique de multiplier là où elles s'appliquent "le nombre des parties" et "la densité des relations internes[4]". Il en résulte un effet hypnotisant et captivant que Gell envisage comme une véritable "technologie de l'enchantement[5]". D'après lui, les motifs complexes et multifacettes nouent en effet "des relations durables entre les personnes et les objets, car pour l'esprit humain, ces motifs renvoient toujours à une opération cognitive « inachevée[6] »". Les objets et les environnements marqués par cette esthétique sont d'ailleurs comparés par Alfred Gell à des "toiles", voire à des maquis pleins de "crochets" et d'"épines" qui retiennent et enchaînent ceux qui y sont confrontés[7]. La prolifération de motifs réticulaires et scintillants dans les habitats autonomes relève donc de la technologie de l'enchantement théorisée par Gell mais aussi à bien des égards d'une technologie de "l'attachement". Comme les araignées de David

Abram et leurs toiles cosmogoniques, les habitants développent dans leurs lieux des "motifs intriqués" et "rayonnants[8]", sortes de biofilms esthétiques aussi enchevêtrés que les jardins-jungles dont ils s'entourent[I]. À travers eux, les habitants s'arriment et se harnachent à leurs habitats et entretiennent, via la sensation de leur perpétuel état d'inachèvement et d'insaisissabilité, la conviction que ce qui les entoure peut demeurer encore, par-delà toutes les extinctions et les destructions, intensément vivant.

Un réseau de points clefs

Cette technologie de l'attachement est marquée par l'apparition à travers les terrains de foyers ou points clefs, comme si les toiles autonomes se froissaient et se renflaient tout à coup pour créer des lieux "nœuds". Les habitants sont d'ailleurs nombreux à se référer à leurs lieux de vie comme à des cocons ou à des chrysalides, ces poches de fils conjuguant les motifs du tissu et de la niche. Dans *La Poétique de l'espace*, Gaston Bachelard estime que la société urbaine occidentale desémiotisée a fait précisément "se détendre" ces nœuds qui, dans les mondes autochtones, liaient "l'univers de la maison" au cosmos tout entier[9]. Dans les lieux autonomes au contraire, l'espace réacquiert une dimension anthropocosmique qui fait que l'habitat est à nouveau, comme l'écrit le philosophe Gilbert Simondon, éprouvé comme un "réseau de points clefs" qui attachent l'être humain au monde[II].

I. En biologie, un biofilm est une communauté de micro-organismes qui, adhérant entre eux et à une surface, aboutissent à la sécrétion d'une matrice adhésive et protectrice.

II. Le philosophe Gilbert Simondon estime que cette organisation réticulaire du monde existait dans de nombreuses sociétés préindustrielles et perdure encore sous des formes plus ou moins cryptées dans les institutions en apparence "utilitaires" du monde moderne. Voir Gilbert Simondon, *Du mode d'existence des objets techniques*, Paris, Aubier, 1958, p. 160 et 165.

Le mandala[I] est l'une des formes les plus fréquentes de ces points clefs qui montrent à la fois l'attachement des habitants à leurs lieux de vie et la manière dont s'y cristallisent des visions du monde plus globales. Représentations de forme concentrique du cosmos, les mandalas autonomes ont ceci de particulier qu'ils sont essentiellement composés à partir de matériaux trouvés sur place – pierres, pommes de pin, bouts de verre poli, brindilles, feuilles ou plantes, de nombreux jardins étant par exemple organisés pour créer de grands mandalas vivants et comestibles. Ces différents points clefs peuvent aussi prendre la forme de niches architecturales ou végétales, de portiques, de totems, de cairns[II], ou encore d'arbres singuliers. Chez Sylvie à Cantoyourte on trouve un arbre "chas d'aiguille" dont la branche recourbée forme un énorme nœud. À Treffonde, un grand hêtre dont le houppier est enserré dans une immense sphère de tiges métalliques tressées prend la dimension d'un véritable "arbre-monde".

De bien des manières, et en particulier pour les installations créées in situ à partir de matériaux et de formes puisés sur place, ces nouveaux lieux centraux apparaissent comme les pendants organisés et resémantisés des multiples "composts" qui, se multipliant dans les habitats autonomes, fermentent et recomposent des agrégats hétéroclites en ensembles cohérents. Par leur inscription dans les matières et les lieux du quotidien, ils montrent particulièrement bien comment le métier à tisser autonome glisse subrepticement des toiles biologiques aux tissus existentiels et aux réseaux d'attaches des habitants.

I. Terme sanscrit signifiant "cercle" et, par extension, "sphère", "environnement", "communauté". Il désigne plus précisément une représentation symbolique, de forme géométrique et symétrique par rapport à son centre, du cosmos et des différentes relations qui s'y établissent entre le matériel et le spirituel. Présent dans de nombreuses cultures, il sert de support à la méditation et se voit souvent associé au thème de l'impermanence.

II. Monticule ou tumulus d'origine celte fait de terre ou de pierres élevé comme point de repère ou marque d'un passage.

Le poétique comme relation

Le poétique peut être abordé, comme nous l'avons vu, tel un ensemble d'images dispersées dans les plis de l'habitat. Mais la notion de poétique peut aussi être utilisée pour mieux comprendre la relation particulière qui s'instaure entre les habitants et leurs lieux de vie. Des théoriciens comme Jean-Claude Pinson et Jean-Philippe Gagnon ont identifié à partir de corpus textuels un mode de relation poétique au monde, la "subjectivité poétique du dehors[10]". J'ai décidé de transporter cette notion de son domaine littéraire d'origine vers celui des réalités anthropologiques. Dans les paragraphes et les chapitres qui suivent, nous allons voir comment elle permet d'éclairer le cas des lieux de vie autonomes.

Loin de se construire dans les replis d'un imaginaire et d'une conscience strictement intérieurs et individuels, la subjectivité du dehors se présente, dans un écho direct aux habitants autonomes et à leur métier à tisser, comme une subjectivité qui se forme dans les nœuds et points de suture entre elle et le monde. De nombreux poètes ont témoigné de la dilution des limites propre à un tel rapport entre l'humain et son milieu. Dans son recueil *Le Fleuve caché,* Jean Tardieu en donne par exemple une bonne description :

un rêve étonnant m'environne
je marche en lâchant des oiseaux
tout ce que je touche est en moi
et j'ai perdu toutes mes limites[11]

Le siège de notre conscience et de notre personnalité n'est plus alors notre corps propre pris dans ses limites biologiques. Il faut plutôt le concevoir comme une peau ou un vêtement vivant, une sorte de "mue" flottante traversée en permanence par les apports du monde sensible. Cette relation au monde qui fonde notre subjectivité et fait d'elle un vêtement protecteur mélange pour se développer les perceptions de l'intérieur et de l'extérieur, de l'humain et du non-humain, du sens et du sensible.

Loin de se cantonner aux mondes de la poésie écrite ou orale, cette subjectivité poétique du dehors peut se retrouver au sein des pratiques et représentations de nombreuses sociétés traditionnelles et peuples autochtones, et notamment chez les paysans ayant participé à la guerre des Demoiselles[12]. Empruntant aux bêtes et êtres féeriques de la forêt leurs déguisements, suspendant leurs chemises aux branches des arbres dans des lieux écartés, les insurgés assimilent de fait la forêt tout entière à un gigantesque vêtement avec lequel ils "font corps". Une telle manière de se travestir en faisant de la forêt à la fois un habitat et un "habit" pour exprimer sa lutte[13] représente un cas manifeste, à l'échelle d'un collectif, de cette relation poétique et organique au-dehors que j'ai vu apparaître dans les lieux autonomes.

CHAPITRE 9

UNE NATURE QUI FAIT SIGNE

Les signes de la vie

Je passe d'abord un petit moment à chercher l'entrée. Des accents sonores me parviennent de l'autre côté de la haie. C'est Émeline, mon hôte, qui parle au téléphone. J'essaie de me servir de ces échos comme guide, avec parfois l'impression que c'est la haie elle-même qui, d'une voix plus ou moins forte, me dit où aller. J'identifie enfin la porte et trouve Émeline debout près d'une kerterre, au milieu d'un grand potager. À Dirlan, la première porte que l'on pousse n'est pas en bois, en verre ou en métal : c'est une porte vocale.

Nous gagnons le fond du terrain pour emprunter un petit chemin qui serpente et s'enfonce dans un taillis de plus en plus épais. Émeline me prévient : nous rentrons dans le jardin. Çà et là, je distingue les toits blancs d'anciennes kerterres carbonatées qui émergent des fourrés, des galets peints et des ardoises gravées enfouis sous les ronces, d'énormes pommes vertes, rouges, or sombre qui s'allument comme des lampes dans la lumière tressée des feuillages. Presque tous les jours, lorsqu'elle suit ce chemin, Émeline passe devant le merle. C'est lui qui joue le rôle de gardien du jardin : "Quand tu arrives dans une forêt, le merle, c'est celui qui prévient tout le monde que tu arrives. Quand tu as obtenu qu'il n'alerte plus tout le monde, alors tu rentres dans ton jardin, et personne n'est prévenu qu'il y a danger. Lui, il reste devant moi dans le chemin. J'attends qu'il se pousse, et une fois qu'il s'est poussé, je passe." Là encore, au creux du bois, il y a quelque chose comme une porte à franchir, une porte invisible et au besoin sonore dont le merle peut activer dans sa gorge la curieuse sonnette.

En tant que métier à tisser, le mode de vie autonome génère des images poétiques et une véritable "technologie de l'attachement". Mais il transforme également en profondeur la relation des habitants à leur habitat. Le premier aspect important de cette transformation est que le milieu vivant se voit redonner un pouvoir expressif, une parole ou tout du moins une capacité à faire signe[I].

Comme Émeline attentive au système d'alerte de son jardin-jungle, les habitants sont sensibles aux signes comme informations sensorielles dénotant la présence d'un réseau d'êtres vivants reliés et communiquant entre eux. À Londine, Klaus le garde forestier se passionne pour l'anastomose, ce processus par lequel les racines, branches ou troncs d'arbres ou de plantes différents peuvent établir entre eux une communication physique et biochimique. Dans l'AMAP de Jouy-le-Potier, Fabrice qui cultive en bio et n'utilise pas d'insecticide a appris pour protéger ses cultures à guetter et à déchiffrer les traces de tous ces animaux presque invisibles qui y font des dégâts – campagnols, mouches mineuses, araignées – : "Il faut une connaissance, c'est tellement petit leur présence. On voit les dégâts tard, trop tard. Après on sait à quelle période ils apparaissent, on prend la loupe pour les observer, on pose des voiles…" De manière générale, les habitants manient précautionneusement les dentelles de signes de vie qui tapissent leurs milieux. Ils connaissent leurs entremêlements et savent se faufiler à travers leurs rideaux, comme Émeline qui, attentive à cette trame sonore dont le merle est le gardien, peut "arriver dans un jardin où personne ne s'est envolé, où tout le monde est là".

Ce souci d'habiter des lieux "où personne ne s'est envolé" est central dans les habitats autonomes et peut

---

I. En linguistique, un signe est la combinaison d'un signifiant (une forme) et d'un signifié (une idée). Le milieu vivant a pendant longtemps été écarté d'une sémiologie saussurienne définie comme l'étude de la vie des signes au sein de la vie sociale et donc limitée aux signes produits par et pour les êtres humains. Depuis la fin du XXe siècle, l'étude des signes du vivant s'est développée sous le nom de "biosémiotique" (du mot "sémiotique" et du préfixe "bio-", "vivant"). Voir notamment Jesper Hoffmeyer, *Biosemiotics: An Examination into the Signs of Life and the Life of Signs*, Scranton, University of Scranton Press, 2008.

se lire comme la tentative de lutter contre un "double envol" : celui, sur le long terme, du monde vivant, les lieux autonomes étant envisagés comme des moyens de lutter à petite échelle contre son effondrement. Mais les habitants cherchent aussi au jour le jour à prévenir "l'envol des signes" par lesquels ce monde vivant se manifeste et palpite. La prolifération à travers les lieux d'"attrape-rêves", ces cerceaux suspendus dans lesquels un réseau de fils est tendu comme un filet, fait écho à cette volonté des habitants d'"attraper" les signes de vie furtifs, de saisir des pans de cette robe du vivant dont les chatoiements donnent parfois aux lieux l'étoffe du rêve. Métier à tisser, le lieu autonome tout entier prend alors les dimensions d'un gigantesque attrape-rêve suspendu aux branches du vivant, cherchant à saisir et à broder dans ses boucles les étincelles de vie et de langage de ses habitants.

Cette attention aux signes est d'autant plus forte qu'une majorité de lieux autonomes se réenforestent et se regarnissent d'espaces ensauvagés. Qu'il s'agisse de ces humusseurs[I] si importants pour la microbiologie du sol ou de toute la faune et la flore qui prospèrent dans les replis d'une végétation densifiée, les présences vivantes se développent pour une bonne part "enfouies" à l'abri des regards. Leurs activités et leurs passages sont alors perçus comme un réseau de traces et d'indices, suffisamment puissants toutefois pour que les habitants développent le sentiment d'une véritable cohabitation. Au Val Vert, Julien est lui-même surpris de se sentir en connexion aussi étroite avec des animaux sauvages qu'il ne voit pourtant pas.

Si Émeline met tant de soin à ne pas faire s'envoler de son jardin le scintillement des présences qu'il abrite, c'est d'abord parce que la lecture des signes du vivant fournit des informations vitales aux habitants autonomes. Pour recréer de l'humus, Émeline a par exemple dû apprendre à observer et à déchiffrer pendant des années les besoins des plantes, du sol et des humusseurs de son jardin. À Nanterrel, Charlot fait face à la prolifération de certaines plantes comme les liserons en se demandant ce dont ils sont le signe et ce qu'ils "cherchent à dire" en se multipliant. Les éléments ou matières dont on retire des informations sont souvent désignés comme "chantants" par les habitants, reflétant l'idée que le chant, langage à la fois harmonieux mais fondamentalement "autre" et crypté, serait l'équivalent non humain de la parole. À la Daurée ou à Treffonde, les habitants disent ainsi que la pierre de tuffeau "chante" avant de tomber. À Londine, c'est le pain qui "chante" quand il sort du four et semble confirmer de manière sifflante et triomphante l'accomplissement de sa cuisson.

Cette attention aux signes va au-delà des soucis fonctionnels d'aménagement et de production sur le lieu.

I. Micro-organismes présents uniquement dans les premiers centimètres du sol et participant par leurs opérations de décomposition de la matière organique à la fabrication de l'humus.

À Londine, Joséphine qui fait régulièrement le tour des nombreux arbres qu'elle a plantés sur la colline lors de la création de la coopérative parle d'une "communication avec le lieu". Celle-ci prend d'ailleurs "davantage de place que la communication avec le groupe". Le parallèle qu'établit Joséphine entre la communauté des arbres et celle des humains est d'autant plus fort que toutes deux ont été plantées et implantées sur cette colline depuis quarante ans. Dans la "forêt brodée" où Sylvie a installé ses yourtes, le lieu tout entier est désigné comme chantant jusque dans son nom, "Cantoyourte", composé des mots "yourte" et *"canto"*, "le chant" en espagnol.

Les habitants recherchent aussi ces moments d'échange avec le monde vivant comme des "retrouvailles" qui infléchissent et assouplissent lentement ce dont la présence humaine est le signe. Il ne s'agit pas alors d'apprivoiser ni de domestiquer mais de "faire savoir qu'on est là" et d'aboutir à une reconnaissance mutuelle, comme le raconte Émeline à Dirlan à propos du merle lanceur d'alerte : "C'est très intéressant : non pas d'apprivoiser le merle, parce que je n'ai pas du tout l'intention de le toucher, mais de savoir que tout le monde me connaît dans ce jardin. Que ceux qui habitent là, savent. Le lapin est arrivé à la porte, je peux être dans le champ avec le chevreuil sans qu'il s'en aille. J'ai déjà obtenu ça. Les animaux sont redevenus sans peur, mais c'est tout un travail de retrouvailles, depuis tant de siècles qu'on les tue et qu'on leur fait peur. Je me suis dit que quand le chevreuil viendrait là, à ma porte, j'aurai gagné." L'échange de regards et d'attentions revient alors à un échange de signes pour ainsi dire "blancs" qui ouvrent des espaces de sens flottants, indéterminés. Ceux-ci sont à la fois "sans discours" – comme en témoigne Sylvie à propos de sa rencontre avec une chouette – et auréolés d'une nuée de messages ambigus et miroitants.

Ces moments d'observation et de communication silencieuses se muent aussi souvent en décryptage d'expressions et de comportements auxquels les habitants associent des intentions et des affects. L'attention aux signes est alors le moyen d'accumuler les indices d'une vie émotionnelle partagée. À Dirlan, Émeline interprète les émotions véhiculées par les accents de la grenouille et déchiffre ses réactions courroucées aux légères perturbations infligées à son habitat : "L'autre jour, quelqu'un qui occupait la petite kerterre a mis une bouteille à rafraîchir dans la mare. Et la grenouille était là : « coua », elle était hyper fâchée, parce que moi je fais attention et je ne vais pas la déranger."

À Notre-Dame-des-Landes, Sarah a décidé un jour d'"adopter" l'un des rats qui venaient régulièrement fouiller sa cabane en quête de nourriture. Elle lui a aménagé une petite armoire dans laquelle elle déposait des restes de repas. Elle voulait lui laisser de la place, essayer de comprendre ses réactions et faire en sorte de cohabiter avec lui. Quand elle a finalement décidé de se débarrasser de l'armoire, les rats ont grimpé la nuit sur sa mezzanine et lui sont pour la première fois "passés sur le corps". Si Sarah y voit un signe de "représailles", elle y trouve aussi la confirmation de l'intelligence des rats et de l'existence entre eux de fragments de langage commun.

Comme cet épisode en témoigne, le fourmillement de signes de vie dans lequel les habitants choisissent d'évoluer est double. Le monde vivant y fait signe en effet dans le sens où il émet des signes mais également en ce qu'il incite les habitants à devenir eux-mêmes producteurs et émetteurs de signes. Certains parmi eux s'intéressent par exemple à la langue des signes, à commencer par Céline à Saint-Paterne, directrice d'un cabinet d'interprétariat en langue des signes française. Mais les habitants développent également des modes de communication sémiotiques avec leurs lieux de vie et les êtres qu'ils abritent. Ainsi, ces fanions multicolores souvent présents dans les habitats sont conçus chez Emmanuelle à la Daurée comme un épouvantail parcellaire. Suspendus dans l'interface entre le potager et la lisière de la forêt, les fragments de tissu agités par les mouvements de l'air ont pour but, par-delà leurs connotations festives, d'exercer une fonction repoussoir en évoquant des éclats frémissants de présence humaine. Emmanuelle suspend aussi aux branches de ses arbres fruitiers de petits sacs de cheveux. Organe qui "pousse" et muni de racines dans lesquelles on peut voir les équivalents humains des racines végétales, le cheveu utilisé par Emmanuelle traduit alors un sentiment d'appartenance au vivant aussi bien qu'une marque territoriale qui, en succédané d'épouvantail, s'exprime dans une langue d'odeurs et de phéromones commune avec les non-humains.

À la Maison Autonome ou au Petit Royaume, Brigitte et Marie considèrent également que les mots de la langue verbale peuvent se traduire en signes gestuels[I] ou, par leur puissance vibratoire, agir directement sur le corps et faire "chanter les cellules". À Kerlidon, Sergio, qui vit seul sur son île avec son chien, assume parfaitement le fait de parler aux animaux qu'il rencontre régulièrement sur son île : pipits maritimes, phoques, goélands : "Je lui parle au phoque, comme je parle aux oiseaux. Je suis sûr qu'il m'entend. Je suis sûr qu'ils entendent les oiseaux, les animaux. C'est surtout dans le répétitif. Un animal sauvage, on se croise une fois, on n'aura pas de contact. Mais le même animal sauvage, s'il vient près de chez moi et qu'on se recontacte un peu, de temps en temps, je lui parle de plus en plus." Sergio cependant envisage plutôt cette communication comme un infralangage en grande partie inconscient fait d'ondes et de "vibrations" : "Je pense qu'on émet des vibrations dont on n'est même pas conscient. Et eux, ils le sentent." Selon cette conception, les signes que les habitants reçoivent du monde vivant deviennent autant d'échos et de "réponses" à un langage de signes que les humains parleraient sans même s'en apercevoir.

I. Aussi désignée "art du mouvement", cette pratique du nom d'"eurythmie" est issue de l'anthroposophie de Rudolf Steiner et consiste notamment à transformer les mots en gestes.

La vie des signes

Une certaine espèce de chenille, la chenille licorne, empile en grandissant sur sa tête les différentes mues de son crâne en une coiffe vertigineuse. Cette chenille a laissé sa trace dans l'écovillage de Treffonde où j'ai rencontré de nombreuses arches aux montants faits de têtes empilées – souriantes, renfrognées, grimaçantes, tirant parfois vers le visiteur une langue énorme.

L'attention accordée aux présences vivantes et à l'interprétation de leurs comportements n'est pas sans effet sur la manière dont les lieux de vie sont aménagés par les habitants. Ces derniers parsèment leurs terrains d'indices, appels et signaux qui reflètent en miroir ceux qu'ils perçoivent du monde vivant. Étirant la logique de l'épouvantail, ils émaillent les habitats de fragments de présences humaines. Sur les portes, murs et palissades sont dispersées des empreintes de mains, de pieds ou même de lèvres laissées par les habitants. Sur les façades, sur les tables ou au fond des jardins, des yeux s'ouvrent et distribuent des clins d'œil tandis que se multiplient les reliefs de figures alternativement souriantes, chantantes ou "à l'écoute" – sirènes aux bouches arrondies, elfes aux grandes oreilles, caves couronnées d'yeux dont les entrées s'ourlent de lèvres et se transforment en immenses gueules ouvertes. Sous l'enduit, de multiples boursouflures enflent comme autant de visages enfouis, des ongles crochus crèvent les parois et des gants montés sur un bâton saluent silencieusement le visiteur.

La capacité du monde vivant à faire signe se trouve donc prolongée par les habitants qui donnent aux lieux de vie tout entiers des propriétés réfléchissantes. "Tout est miroir, pour moi", me dit Yoann aux Gondilles. Des ombres de visages se distribuent alors dans l'habitat. Sur un mur, deux roues de vélo modelées dans l'enduit sont assorties d'un sourire et se muent en yeux écarquillés. À Treffonde, sur une affichette suspendue dans la cuisine d'été, un visage triste apparaît au fond d'une assiette pour interpeller les visiteurs : "Nous léchez pas tomber, lavez-nous !". Ces reflets se transposent également dans le discours des habitants, depuis Marie qui considère que les maisons "demandent" certaines choses à Gilles qui, pour décrire sa relation à un arbre qu'il se refuse à abattre choisit de dire qu'il "lui parle". Pris dans cette circulation de signes, les lieux de vie deviennent pour leurs habitants des réservoirs de formes et de signifiants susceptibles de faire écho à une émotion, à un besoin d'information ou à une recherche de sens.

Selon l'une de ses définitions les plus courantes, un signe est une "chose perçue qui permet de conclure à l'existence ou à la vérité d'une autre chose à laquelle elle est liée[1]". Dans les habitats autonomes et leurs toiles arachnéennes, chaque élément se trouve pris au sein d'un réseau de liens écologiques multiples, à la fois végétaux, bioclimatiques, fonctionnels ou matériels. Chaque chose perçue y voit donc se multiplier les éléments auxquels elle est liée sur le plan écologique, ce qui augmente d'autant ceux auxquels elle se trouve susceptible de renvoyer sur le plan sémiotique. Dans un lieu de vie autonome, la paille aux multiples fonctions déploie par exemple autour d'elle un "nuage de choses[2]" : elle est à la fois ce qui compose la structure d'une maison, le corps d'un épouvantail, le lit ou la litière du poulailler, ce qui réchauffe ou rafraîchit le secret des murs, ce qui a porté les céréales de l'assiette ou ce qui recouvre les parcelles du jardin. La pierre est matériau de construction et bouillotte qui réchauffe le lit après un séjour sous la braise. La cendre renvoie aussi bien aux flammes, aux vêtements qu'elle aide à laver ou à la terre du jardin qu'elle rejoint dans les eaux grises. L'étang est le troupeau qu'il abreuve, les poissons qu'il abrite, les plantes qui le nettoient, l'incendie qu'il éteint.

D'écologiques et esthétiques, les différents tissus de l'habitat se font donc aussi des tissus de signifiants prêts à "prendre dans leurs rets", comme des toiles captureraient des insectes, les intentions, projets et recherches de sens mouvants des habitants autonomes. Ceux-ci vont alors pouvoir saisir dans le riche kaléidoscope de leurs habitats des pièces de puzzle leur permettant d'éclairer une information ou de compléter un schéma d'interprétation. Les signes qu'ils décèlent correspondent alors à l'assemblage d'un élément sensible de l'habitat avec une intention ou une attente existentielles. À Nanterrel, Charlot par exemple est particulièrement attentif aux oiseaux dans lesquels il voit, reprenant l'homonymie entre "signe" et "cygne" rendue célèbre par Mallarmé[3], des "supports d'apparition" : "Ici, il y a beaucoup de signes. Il n'y a pas que des aigrettes garzettes, il y a des cygnes aussi. Chacun a ses supports d'apparition privilégiés : moi c'est surtout les oiseaux : hérons, libellules… Ils vont me montrer que je suis en chemin." Les multiples représentations d'oiseaux et figures ailées à travers les habitats font écho à son propos. Donnant une résonance supplémentaire à l'entremêlement mallarméen entre signes et cygnes, ils rappellent que les oiseaux, en tant que fournisseurs de plumes, ont pendant longtemps sous-tendu notre imaginaire de l'écriture autant que notre capacité à produire des signes.

Resserrée et enrichie, la toile écologique des lieux offre donc "prise" à la construction existentielle des habitants en leur fournissant des supports avec lesquels "tisser des relations et faire un réseau qui porte leur existence[4]". Dans de telles configurations, comme le souligne Sylvie, "tout est habité et tout communique". Cette interconnexion s'entend d'abord aux sens spatial et écologique – les lieux voyant leurs espaces et leurs fonctions enchevêtrés – mais aussi au sens sémiotique : les éléments de l'habitat deviennent alors autant de "synapses" ouvrant en vases communicants les espaces de ce que l'on habite et de ce qui nous habite.

À Dirlan, la prolifération du monde vivant alimente en signes, apparitions et personnages une "télé-fenêtre" dans laquelle Émeline voit parfois se former des réponses aux questions qu'elle se pose : "Tu vois, la grande fenêtre là, c'est un peu la télé. On parlait dernièrement de faire un lieu de formation pour les visiteurs en vacances dans la région. Et là, à ce moment-là, dans la grande télé-fenêtre, on a vu un lapin. On l'a vu vivre, il ne nous voyait pas et il était là, comme ça, il sautillait. Il nous a fait tout le spectacle-lapin, et il nous disait, « Oui, oui, faites, faites là-bas... »" À la Daurée, les deux poules qui frappent Emmanuelle par leurs attitudes étrangement symétriques lui fournissent à elle et à son compagnon des supports pour exprimer de manière cryptée des sensations ou messages liés à leur relation : "Chacun a sa poule préférée et défend sa poule et se moque de l'autre. C'est vrai que c'est une sorte de jeu, sans vraiment s'en rendre compte, on utilise les poules pour parler et pour communiquer." Les contacts multipliés avec un monde vivant riche en signes et en sensations exacerbent ainsi la compénétration entre l'inconscient et le corps de l'habitat. Tous deux se projettent l'un dans l'autre et s'enrichissent mutuellement de leurs signifiants respectifs, donnant à l'habitat tout entier la richesse interprétative d'un rêve ou d'une carte de tarot.

Parfois, les signes sont perçus non seulement dans le monde vivant mais du fond même de la matière inerte. Lorsqu'il construisait sa maison, Gérard au Petit Royaume raconte avoir reçu d'une pierre très lourde qu'il n'arrivait pas à bouger le signal qu'il pouvait la soulever : "À un moment donné, j'ai senti qu'il y avait comme un signal et j'ai pu le faire. Je pense que dans la vie, il y a des signaux qui s'imposent parfois à nous." Les habitants témoignent aussi de multiples épisodes de sérendipité[I], coïncidences et heureux hasards qui, en leur donnant l'impression de trouver instantanément et sans effort les objets et ressources qui leur manquent, contribuent à renforcer leur sentiment d'adéquation avec le lieu et la légitimité de leurs choix de vie.

Des chemins de sens

Le soir, à Londine, après dîner, chacun regagne sa chambre dans l'obscurité. Beaucoup le font sans torche ni lampe de poche. Je les regarde quitter un à un la maison. Seuls ou en petits groupes, ils s'enfoncent dans la montagne noire. Les débuts pour moi ne furent pas faciles. Je m'accrochai à chaque parcelle de lumière, chaque petite luciole de fabrication humaine, les lueurs du village au loin dans la vallée, des lumignons solaires le long d'un sentier. Petit à petit, je voyais mieux le ciel, la lune, et les feuillages des arbres pleins d'étoiles au-dessus de moi, comme piqués de bijoux. Mon ouïe, mon toucher aussi se dilatèrent. D'un coup mon corps était plein de pupilles qui s'ouvraient. Moi aussi, je marchais sur la montagne noire. Sur ses chemins de bruits, ses chemins d'odeurs, ses chemins de chaleur et de fraîcheur. Je me tenais à son grand corps de signes comme on se tient à une rampe – pour décrypter les ombres, les lueurs, reconstituer les formes. On m'avait appris à traverser la nuit sur un faisceau de lumière, arrimée à son fil. Jusque-là, je n'avais pas réalisé le poids de la lumière, son pouvoir arasant, sa capacité à tout

I. La sérendipité désigne la capacité de faire des découvertes de manière fortuite et inattendue.

aplatir et limer sur son passage. Sans la torche et son fil de lueur funambule, j'avançais, tâtonnant au cœur d'une gigantesque toile dont les rayons partaient dans toutes les directions. Et la forêt se redéployait, rendant la montagne plus noire encore. Et les Demoiselles étaient là qui m'observaient, tapies dans la pénombre.

Selon leur définition usuelle, les symboles constituent des "traits saillants et susceptibles d'être organisés" perçus dans l'environnement[5]. Le rapport que les habitants entretiennent avec leurs lieux ne relève cependant pas d'un ordre purement symbolique. Dans le cas des maisons autonomes, les habitants organisent en effet leurs lieux de vie mais les lieux eux-mêmes les saisissent en retour, viennent perturber leurs grilles de lecture et leurs modes d'écriture. Le rapport symbolique au lieu s'agrandit d'une épaisseur poétique du fait que les habitats acquièrent cette "propriété qu'ont certains sites ou phénomènes de susciter une émotion, de stimuler notre imagination ou de faire signe[6]". Camille à Notre-Dame-des-Landes considère ainsi qu'un milieu est poétique "quand ça nous parle, quand ça parle. C'est une écoute des choses".

Comme l'évoquait Charlot à propos de ces oiseaux qui lui "montrent qu'il est en chemin", les liens écologiques apparaissent alors comme des "chemins" de sens permettant à leurs habitants d'"écouter" résonner leurs lieux de vie et de circuler à travers eux comme au sein d'immenses réservoirs et ateliers sémiotiques. À Lorelle, Gilles explique ainsi que "chaque petit élément" de sa forêt est susceptible de lui "parler" et de "raconter son histoire". Ces petits éléments constituent alors des "points-relais" dans de nouvelles cartes poétiques qui lui permettent de retrouver son chemin : "Pour moi la poésie c'est de savoir sous quels arbres, et par quels chemins, on peut trouver quels bolets. Tu suis le chemin qui est là, après le deuxième virage tu vas tomber sur les charmes verruqueux. Après, tu as le petit arceau qui passe au milieu de la route, après tu as le fossé, après tu tombes sur le grand cormier, après y a le dédale dans les petits sapins. Là tu déboules sur le triple châtaignier, là tu prends à droite, tu longes les trois sapins. Et là, là, il y a un pin, où il y a, en permanence, une quantité folle de bolets granulés. C'est un endroit miraculeux dans la forêt mais sans la poésie, s'il n'y a pas une histoire où chaque petit élément raconte quelque chose et te parle, tu le retrouves jamais. J'aime bien ces petites constructions-là."

Repeuplé de tous ses lieux clefs et de tous ses "charmes", le territoire non balisé de la forêt prend la forme d'un conte rempli de personnages. Narrant celui-ci à grand renfort de gestes, Gilles refait de la "légende" ce qu'elle est aussi bien en géographie qu'en narratologie : le point de rencontre entre une histoire et un territoire. Dans la forêt de Lorelle, le sens géographique et cartographique du terme – un ensemble d'informations "devant être lues" *(legenda*[I]*)* pour comprendre un territoire – rejoint et fusionne avec la légende entendue cette fois-ci comme récit merveilleux.

À Lorelle, c'est le conte des bolets et son "collier de signes" implantés dans le territoire qui fait donc pour Gilles toute la "poésie" de son mode de vie. La nature de médium, soit le pouvoir de "communication" de cette poésie avec et à travers le milieu, est rendue manifeste lorsque Gilles à Lorelle la met en balance avec l'outil de télécommunication du GPS : "J'ai envisagé le fait d'y aller au GPS et de tout mettre en mémoire, mais là, clairement, la poésie elle prenait trop cher pour moi. Je me suis dit, je veux connaître cette forêt, mais je veux la connaître, justement, via tous ses chemins." Gilles présente alors la poésie comme permettant de déployer et de tenir ensemble "un réseau de chemins[7]". Dans son propos, les voies de la forêt et les voix du conte poétique, les méandres des chemins et les fils du discours se révèlent étroitement confondus, l'un apparaissant comme le vecteur de l'autre. Leur fusion produit un dispositif qui prend, à l'image d'un GPS, la dimension d'un système de positionnement global, rejoignant alors une intuition d'Heisenberg qui voit dans la poésie "une capacité à s'orienter[8]".

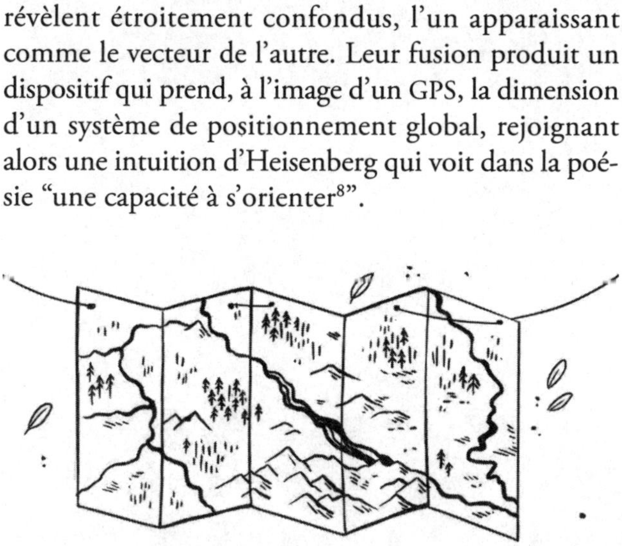

I. Le mot légende vient du latin médiéval *legenda*, "ce qui doit être lu".

CHAPITRE 10

CORPS ÉLARGIS ET DÉCLOISONNEMENT CHEZ LES HABITANTS

Assise près du foyer central, je lève les yeux. Au-dessus de l'entrée, les deux pans de toile cousus par des lacets ressemblent étrangement au plastron d'une chemise. Dans les hauteurs, ils s'entrouvrent en col autour d'un cou de lumière par où la fumée remonte. Tout autour, la toile écrue du tipi retombe, soutenue par des mâts couleur ivoire. Dans cette cage d'os couverte d'une peau fragile et translucide, près du feu qui brûle à mes côtés comme un ventre insatiable, je n'ai plus la sensation d'être dans un tipi mais au creux du torse immense d'un géant.

Dans la panoplie d'interventions et de signes perturbateurs qui alimentait leur insurrection, les Demoiselles ariégeoises avaient pris l'habitude de suspendre aux branches à travers la montagne de grandes chemises blanches. Ce rapprochement entre l'habit et l'habitat assimilait non seulement la forêt à un gigantesque vêtement mais suggérait aussi une indistinction entre le corps de la montagne et ceux des Demoiselles, qui en acquéraient tout à coup des proportions gigantesques. J'ai retrouvé dans les lieux autonomes de nombreux télescopages et rapprochements de ce genre entre le corps des habitants et celui de leurs habitats. À Treffonde, un globe terrestre enfilé sur la corde à linge entre les vêtements de Gaspard va même jusqu'à prêter à l'habitat planétaire tout entier la trame textile et la proximité corporelle d'un habit. Avec l'émergence de cette langue de signes que nous venons de voir, de tels entremêlements de corps entre habitants et habitats constituent un autre trait caractéristique de la relation poétique au-dehors. La subjectivité et l'intériorité des habitants se décloisonnent alors via de multiples figures d'un corps humain élargi, agrandi, qui vient se confondre avec l'enveloppe de son environnement et cherche à se laisser traverser, voire à "disparaître" dans l'éclat.

La "personnalité-toile"

J'ai évoqué plus tôt le métier à tisser décrit par Jean Giono dans son roman *Que ma joie demeure*. Celui-ci permet d'observer "tous les fils de laine de la chaîne, séparés les uns des autres" et, de l'autre côté, la "personnalité-toile" en train de se constituer, où "la réunion de toutes les subtilités de couleurs" de chacun des fils "tremble comme les reflets de nacre dans les coquilles de la mer[1]". On peut certes considérer les modes de vie autonomes comme des métiers à tisser. Mais il est également possible d'appliquer l'expression de "personnalités-toiles" à des habitants qui, devenant tisserands, cherchent comme le disait Sacha à Nanterrel à trouver leur propre "place dans la toile du vivant". Les multiples entrelacements opérés dans les lieux de vie autonomes englobent et transforment alors celles et ceux qui y vivent.

Dans *Que ma joie demeure*, Giono évoque ces ombres portées de la construction dans l'intériorité humaine : "les hommes bâtissent avec des pierres et ne voient pas que chacun de leurs gestes pour poser la pierre dans le mortier est accompagné d'une ombre de geste qui pose une ombre de pierre dans une ombre de mortier[2]". Chez les habitants autonomes également, ce jeu d'ombres portées se met en place. Les gestes qui tirent des fils élèvent dans les profondeurs une maison tressée d'ombres. La personnalité des habitants se cristallise alors à travers l'habitat et se teinte de ses lueurs. Progressivement, les habitants se perçoivent eux-mêmes comme "tissés" à l'intérieur d'un monde dont les multiples inflexions les traversent. Malgré la "charpente de colosse" dont il a hérité de sa famille paysanne, Bernard à la Courance est d'une fragilité et d'une sensibilité telles qu'il dit être "en coton". Cette alliance du bois de structure et du corps de coton fait d'ailleurs écho aux troncs pavoisés de chemises de la forêt des Demoiselles. À Londine, Aymeric évoque lui aussi un développement réticulaire des personnalités lorsqu'il

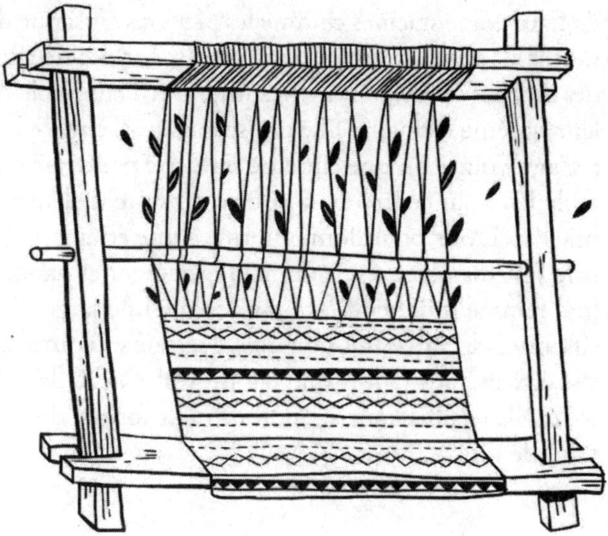

fait un parallèle entre la poésie dans laquelle c'est "le contexte qui fait sortir le son, l'individualité de chaque mot[I]" et le lieu de Londine dont le riche tissu aide les membres à se construire dans leurs singularités.

Les "personnalités-toiles" des habitants ne sont pas conçues ainsi comme refermées sur elles-mêmes mais plutôt comme tissées dans le monde vivant. Les corps et les individualités sont conçus comme partageant avec ce dernier un même système racinaire. Sacha à Nanterrel disait bien "voir dans la nature des liens, des racines", de ce qu'il "sentait vivant" en lui, "tout ce qui est vivant autour" l'étant aussi nécessairement "à l'intérieur de nous". À l'image des arbres dont les racines souterraines sont tout aussi étendues que la partie aérienne, les habitants envisagent leur intériorité comme enfoncée et entremêlée à ce qui les entoure. Cette conception apparaît d'ailleurs via la récurrence dans les habitats

I. Le mot "contexte" vient du verbe latin *contexere*, "ce qui est tissé avec". Voir le *Dictionnaire historique de la langue française*, sous la direction d'Alain Rey, Paris, Le Robert, 2006, p. 378-379.

de figures à tentacules comme les pieuvres ainsi que de motifs d'"arbres doubles" représentés, sur des dessins, des affiches ou de grandes fresques, avec l'ensemble de leur système racinaire. Elle transparaît aussi chez Sylvie à Cantoyourte où une curieuse statuette posée sur une table basse au centre de la yourte s'inspire de l'anatomie du clitoris pour donner forme à une étrange créature. Entremêlant corps humain, vêtement et habitat, une femme qui étend les bras déploie une large cape sillonnée de vaisseaux sanguins. Certains s'enroulent sur eux-mêmes tandis que d'autres plongent dans le sol où ils rejaillissent par endroits pour former de gros tapis de ronces.

Des corps élargis

Dans la grande salle à manger de Londine, le premier bâtiment construit par les habitants de la coopérative, une plateforme s'élève, massive, au-dessus d'une foule de chaises et de petites tables. Depuis l'entrée principale, c'est l'une des premières choses que l'on aperçoit. Avec son plateau de huit mètres flanqué de gros rabats et monté sur quatre énormes poteaux de bois, la mezzanine n'est ni plus ni moins qu'une table à laquelle on a donné des proportions gigantesques. Un peu plus tard, Jules qui me fait visiter le lieu me conduit au sommet de la colline dans un autre bâtiment d'où l'on découvre les vallées environnantes. Il y a là un énorme chaudron en cuivre dans lequel les habitants, m'explique-t-il, font à manger "comme Astérix" : "Il faut qu'on le rétame parce qu'il est un peu fatigué. Mais on fait la cuisine dedans pour cinq cents personnes. T'es là avec ton escabeau et puis t'as une spatule qui est faite exprès, c'est comme une pagaie, et tu rames." Nous finissons la visite dans le chantier de la grande maison en paille et ossature bois qui accueillera les membres les plus âgés de la coopérative. À l'entrée, j'aperçois un groupe de personnes vêtues de ces cuissardes démesurées utilisées par les ostréiculteurs ou les pêcheurs à pied. Je les observe pendant quelques minutes patauger dans la paille, dans leurs bottes de sept lieues.

Si cette panoplie d'accessoires gargantuesques que l'on trouve à Londine peut surprendre, elle n'est cependant qu'un exemple de la quantité d'objets géants que j'ai observée dans les habitats. Si on peut l'attribuer en partie au fait que les lieux se redotent d'un appareil productif proportionnel aux besoins d'un nombre parfois important de personnes et d'animaux, ce surdimensionnement est lié aussi au développement chez les habitants de la conception d'un corps élargi et de gestes cherchant sans cesse à se replacer à l'échelle d'un monde vivant bien plus large. C'est ce que j'ai vu chez Émeline dans ses immenses rochers-fauteuils, ses bols bleus gigantesques qu'elle utilise comme baignoires ou dans le *skydome* de la kerterre qui, rempli d'eau, prend l'allure d'un énorme cristallin.

Pour des raisons similaires, un lien fort s'instaure dans les lieux autonomes entre construction de la subjectivité et construction de l'habitat[I]. Très répandus à travers les terrains, les habitats légers tels que les yourtes, kerterres, cabanes et caravanes sont choisis et vécus pour beaucoup comme des espaces de reconstruction lors de crises existentielles. À Jouy-le-Potier, Fabrice vient de divorcer. Sa fille de six ans que je vois sortir toute souriante d'une kerterre effondrée où elle jouait ressemble dans cette coque en terre brisée à un poussin émergeant de son œuf. Dans une image associant l'habitat en tissu et le lieu de métamorphose, Nathan habitant et fabricant de yourtes au Petit Bonheur conçoit celles-ci comme des habitats "chrysalides", des espaces

I. On en retrouve la trace dans le réseau de liens étymologiques entre habit, habitat, habitude, eux-mêmes associés à l'idée de possession et de "propre" via leur racine latine commune *habere*, littéralement "avoir".

de mue et enveloppes protectrices à l'abri desquels les habitants peuvent "changer de peau". Cette idée d'un habitat à la fois matrice et seconde peau qui devient indissociable de la personne s'étend aussi aux non-humains. À Kermel, Cédric a choisi pour son chien le nom de l'habitat dans lequel il est né, le tipi, reflétant là encore à quel point pour certains un lieu peut s'incarner dans un être et un être dans un lieu.

Les habitants sont également nombreux à bâtir eux-mêmes leur maison en vivant sur place pendant toute la durée du chantier. Ce choix les conduit à recourir fréquemment aux habitats légers mais aussi à habiter très souvent des maisons en travaux. Particulièrement malléables et évolutives, celles-ci peuvent rester pendant de très longues durées en chantier ou se voir prises, notamment dans les lieux de contestation comme les ZAD, dans des cycles réguliers de destruction et de reconstruction. Superposant lieux de vie et lieux en construction, ces configurations associent alors les habitants à l'idée d'être(s) en chantier dans tous les sens du terme. Parce qu'ils construisent eux-mêmes et pour eux-mêmes, ils deviennent à la fois les sujets et les objets de leur construction. Présent dans les discours de nombreux habitants, le thème de la maison qui ne sera jamais véritablement achevée renforce la portée métaphorique de bâtiments dont la dimension évolutive et l'indétermination font écho à l'impossibilité de trouver un sens définitif à sa propre existence.

Chez certains habitants, l'accumulation de constructions réalisées de manière successive à différentes étapes de leur vie donne à certains lieux la dimension d'un récit de vie spatialisé. À Nîmes, les différentes fresques qui ont recouvert au fil des ans le pâté de maisons d'Olivier Jullian ont pour ce dernier une dimension explicitement "autobiographique". À Dirlan, les kerterres que l'on rencontre à mesure que l'on progresse vers l'extrémité du terrain sont de plus en plus vieilles. Tout au fond, dans la partie la mieux dissimulée, à l'abri des regards, c'est là que la première kerterre a été construite, il y a dix-sept ans. Sous l'effet de la fixation progressive du carbone (carbonatation), ses murs sont devenus durs et indestructibles, reflétant l'aguerrissement et l'endurance développés par Émeline au fur et à mesure des années.

Conservant comme des arbres leurs différentes enveloppes et strates de croissance, de tels lieux de vie deviennent parfois comme chez Émeline des machines à remonter le temps. L'idée que la construction de la subjectivité s'effectue au revers de l'habitat trouve sa plus belle expression dans la coopérative de Londine. C'est là que j'ai aperçu l'invitation aux résonances socratiques : "essaie d'être toi-même" taguée en lettres immenses sur le plafond d'une caravane. Comme si l'enveloppe de l'habitat était précisément le lieu privilégié de cette quête de soi, et le bâton que j'apercevais planté entre le sol et le plafond un rappel que l'être humain se développe à la mesure de son lieu de vie.

Cette construction de l'intériorité à travers l'habitat se constate dans les discours par la récurrence du thème de la propreté et du propre dans le sens de "ce qui nous est propre". Les habitants sont nombreux en effet à se sentir retrouver cette "capacité de posséder son *propre* élément" qu'ont "le poisson, l'oiseau ou l'animal terrestre" dont Stig Dagerman déplorait la perte dans les sociétés modernes[3]. Ce sentiment d'appropriation restauré reconfigure notamment la grande opposition fondatrice entre saleté et propreté. Dans son essai célèbre *De la souillure*, l'anthropologue Mary Douglas a montré comment les notions d'hygiène, de pureté ou d'impureté de chaque peuple étaient intimement liées à leurs cosmogonies et systèmes d'ordonnancements symboliques[4]. Pour des habitants autonomes qui, dans un basculement anthropologique, refont du monde vivant un prolongement de leur corps et de leur habitat, les normes de l'hygiène et de la saleté subissent nécessairement des déplacements. S'approprier un lieu passe par une relation métabolique étroite avec celui-ci. Dès lors, la propreté se voit davantage liée aux gestes qui font circuler les matières organiques entre le corps des habitats et celui des habitants. Ce qui accroît les entremêlements de corps entre soi et le monde devient, toutes proportions gardées, connoté positivement. Dès lors, "l'entremêlé" est propre et c'est "le séparé" qui est sale. Pour Émeline à Dirlan, faire le ménage dans sa kerterre consiste à y ramener de grandes fougères de son jardin et à en faire une litière fraîche plutôt qu'à balayer le sol. De même, les excréments, plutôt que d'être vus comme repoussants et évacués au-dehors, sont considérés comme des ressources à valoriser. Les habitants les réinjectent dans le compost puis dans la terre du jardin. Si les habitants continuent de fréquenter leur médecin et restent attachés à un certain nombre de médicaments conventionnels, ils essaient de recourir le plus possible aux médecines douces et préventives et mobilisent le corps du lieu pour soigner leur propre corps. Et quand Daniel, à Saint-Paterne, revendique le fait d'aimer la "saleté" de la nature : "Moi, toucher la terre, mettre les mains dans la terre… être sale dehors, moi, c'est mon truc", c'est avec un second degré qui montre que la terre et l'habitat deviennent perçus comme des corps "propres" dans tous les sens du terme.

Se laisser traverser

Aux Gondilles, dans le salon qui lui sert de chambre à coucher, Yoann le berger a installé entre son matelas et le mur une curieuse tête de lit. C'est une grande planche de bois peinte en rouge dont les bords ondulent et font un peu penser à un nuage. Elle affiche en pattes de mouche blanches une méditation, des mots sur le silence qui l'ont "traversé" un matin alors qu'il attendait les clients, installé à son stand de fromages sur un petit marché. Placés en "traversin" derrière sa tête, devenus oreillers, ces mots continuent inlassablement à lui passer par la tête. Comme Bernard à la Courance et son goût pour les vergers de plein vent capables de s'offrir sans coup férir aux bourrasques et aux intempéries ou comme Daniel à Saint-Paterne qui en achetant sa maison tenait à "rester dans le lit de la Loire", les habitants autonomes montrent une inclination particulière à "se laisser traverser" par les circonstances et les processus vivants qui les composent.

La manière dont Yoann fait de ses pensées un nuage flottant passant à travers lui plutôt que des produits et attributs "en propre" de sa subjectivité est révélatrice. Pris dans un enchâssement d'échelles et de relations écosystémiques, les habitants témoignent d'intériorités vécues comme "en mouvement" dans un milieu lui-même animé. Comme Yoann, ils se perçoivent donc comme des interfaces où viennent se décanter et s'entremêler *ce qui* les traverse et ce qu'*ils* traversent : "*Ces choses* qui me traversent sont très inspirées de ce que je vis intérieurement à certains moments, de ce que *je* traverse."

Selon cette conception, la subjectivité cesse d'être considérée comme une entité figée. Elle devient plutôt un "carrefour" et point d'intersection de multiples "vecteurs de subjectivation[5]". Ce glissement entraîne notamment chez certains habitants un déplacement du rapport à la violence. Dédiabolisée, celle-ci est pensée non pas comme quelque chose dont il faudrait se défendre mais comme une dynamique qui nous traverse au mauvais endroit, dans le mauvais sens ou sans trouver d'exutoire. Pour Émeline à Dirlan, le mot lui-même de violence est parcouru en sens contraire par une autre formule qui en révèle le sens caché : "Si tu mets le mot violence dans l'autre sens, vi-o-lence, ça fait lance l'eau de ta vie." Comme tous les flux de matière et d'énergie qui nous traversent en permanence, la violence est à ses yeux "une belle eau qu'il faut gérer, dont il faut utiliser la puissance".

Cette aspiration à se laisser traverser conduit parfois certains habitants à jouer avec l'idée de "disparaître dans l'éclat". Yoann aux Gondilles et Gaspard à Treffonde – qui pourtant ne se connaissent pas – partagent le même fantasme d'une pièce idéale sphérique pleine de miroirs qui les bombarderait de lumière : "Si tu fais vraiment une sphère, la lumière elle te bombarde de partout, donc l'image elle doit disparaître. Ce serait une pièce pour s'ouvrir instantanément, pour être lumière." À Treffonde, c'est dans l'obscurité au contraire que Noé, fervent spéléologue et cataphile[I], disparaît dans l'éclat. Amateur de photographie, il a réalisé au flash de nombreux autoportraits souterrains dans lesquels son corps, réduit à une silhouette noire, expulse des boomerangs tournoyants de lumière.

L'esthétique du scintillement qui marque les habitats autonomes de motifs mosaïques et kaléidoscopiques rentre en résonance avec cet attrait des habitants pour les corps éclatés. De même que dans la toile de Giono "la réunion de toutes les subtilités de couleurs" de chacun des fils "tremble comme les reflets de nacre dans les coquilles de la mer", on observe chez les habitants pris dans leurs métiers à tisser un phénomène de diffraction et d'irisation des corps à travers leur environnement. Par-delà les aspirations à se laisser traverser, ce phénomène se manifeste dans la prolifération sur les murs de traces de mains, bouches et pieds laissés par les habitants[6]. À Treffonde, le moulage en plâtre d'un torse sans tête est appuyé contre la façade d'une maison troglodytique. Dans une cave, un œil en vitrail gigantesque est posé au fond d'un renfoncement, dans un fouillis d'outils recouverts de poussière de tuffeau. Le même phénomène se traduit aussi par la façon dont les cabanes et autres constructions accrobranches dégingandent et décomposent les corps, favorisant l'apparition

I. La cataphilie est une activité consistant en la visite clandestine de l'énorme réseau d'anciennes carrières souterraines de Paris. Terme aussi employé pour la pratique régulière et assidue de l'exploration de réseaux souterrains.

de membres – têtes, mains, pieds – qui surgissent et se balancent isolément. Enfin, cet aspect se manifeste via la multiplication des patchworks, des vitraux projetant sur les corps des facettes colorées ou encore des personnages de type Arlequin. À Londine, dans le bâtiment d'où émet la radio de la coopérative trône le portrait d'un personnage en costume d'arlequin. Renvoyant à la diffusion des ondes radiophoniques, la diffraction des couleurs sur l'habit résonne avec des habitants dont les voix se diffusent et se dispersent via la radio en une multiplicité d'échos. À Treffonde, la maison troglodytique de Zéphyr rassemble ces différents aspects, conjuguant à la fois vitraux, statuettes de la *commedia dell'arte* et figurines de *böns*, des chamans tibétains capables "de traverser les murs".

L'acceptation d'une certaine violence, les images de corps traversés ou éclatés s'articulent également avec l'intégration de figures d'une folie considérée elle aussi comme un torrent auquel les habitants autonomes doivent ménager des espaces et des passages. La ZAD de Notre-Dame-des-Landes a ainsi accueilli et pris en charge pendant longtemps des personnes aux pathologies mentales graves en cherchant à les intégrer à la vie sociale. Aux Gondilles, un habitant a manifesté la volonté de vivre sous une serre. Pour mon hôte Yoann, il s'agit là d'un cas pathologique, car cet homme, "même s'il a de la force et est en contact avec beaucoup de choses, avec les élémentaux", est violent et peu adapté au système. La serre lui offre alors un lieu hétérotopique où il peut à la fois s'isoler des humains et trouver un espace de reconstruction écologique, sociale et psychique[I].

I. L'hétérotopie est une notion forgée par Michel Foucault pour désigner ces espaces à la fois réels et absolument "autres" qui représentent, inversent et contestent tous les autres lieux dans la société. La conjugaison des niveaux environnemental, psychique et social de l'écologie a été théorisée à travers la notion d'"écosophie" par Félix Guattari. Voir Michel Foucault, "Des espaces autres",

À la ferme de la Courance, un autre personnage installe la pathologie mentale à une place à la fois centrale et stabilisée. Dans la caravane de Bernard trône au-dessus du canapé le tableau d'une circassienne en tenue d'arlequine. Son regard étrangement vide, qui incite à la rapprocher de la mère de Bernard, internée durant de longues années en asile psychiatrique, résonne avec le corps "éclaté" que lui confère son costume multifacette mais s'intègre aussi dans l'environnement du cirque vibrant d'énergie, de vie et de couleurs.

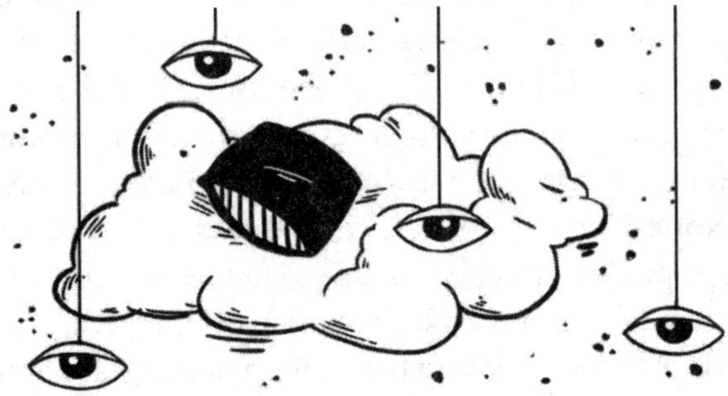

Empan, vol. 2, n° 54, 2004, p. 12-19 et Félix Guattari, *Les Trois Écologies*, Paris, Galilée, 1989.

CHAPITRE 11

LE BROUILLAGE DES FRONTIÈRES

Assis dans son mobile home à la Courance, Bernard me décrit la ferme de son enfance. Il me parle de ses animaux, de ses veines sableuses où l'on cultivait haricots et asperges, de ses vergers. Des vergers de plein vent sans irrigation, taillés pour résister aux bourrasques. Les arbres n'étaient pas de ceux, trop serrés, aux racines traçantes, qu'il faut arroser et nourrir en permanence. C'étaient "des charpentes". Ils avaient de la force, ils lançaient loin leurs racines et allaient chercher eux-mêmes leur nourriture dans le sol. Comme ses parents et tous les gens de sa famille, de vrais colosses, Bernard est "tout en charpente". Loin de la ferme familiale, sur ce terrain où il s'est implanté il y a quelques années, il essaie lui aussi de s'enraciner – d'extraire, sur ces parcelles et dans ces vergers à flanc de coteau, sa propre nourriture de la roche.

À la Courance, les questions de santé sont affaires de racines : il y a celles qui plongent et celles qui tracent, il y a les mains de dentelle nourries à fleur de terre par les machines – et les filets profonds, vivants, capables de digérer le sol. Entre les corps des humains, des arbres, de la ferme, du pays, toutes ces racines se nouent et convergent et conversent. Que ce soit chez Bernard, chez Émeline à Dirlan dont le sommier végétal grince et craque les jours de grand vent ou dans l'ensemble des lieux autonomes, j'ai décrit la façon dont un tissu vivant riche de bruits et de signes peut venir se placer "à la racine" de l'intimité et de l'intériorité des habitants. Le lit rejoint l'arbre, le verger fait charpente, les taillis deviennent chambres et le fauteuil, rocher.

Aussi insignifiants et "rhizomatiques" qu'ils puissent paraître, ces différents entremêlements ne sont pas anodins. Avec eux, les lieux autonomes s'affirment comme l'envers des logements de "la grand'ville", de ces "boîtes superposées" sans "racines", "cosmicité", ni "verticalité" décrites par Bachelard[1]. Maille après maille, nœud après nœud, ils composent un tapis qui "modifie les indices du monde[2]", en transforme peu à peu la perception.

Ils retricotent alors “la subjectivité avec son extériorité (...) sociale, animale, végétale, cosmique”, redéployant ces architectures de relations et d’attaches fines dont Guattari notamment déplore le laminage dans la société industrielle mondialisée[3].

En explorant les lieux autonomes, on ne trouve pas seulement dispersées çà et là des images poétiques. On observe aussi qu’une “relation” poétique s’instaure entre l’habitant et son habitat qui s’entremêlent et deviennent progressivement à l’image l’un de l’autre. La nature se remet à faire signe, les corps s’élargissent et se décloisonnent. Au-delà de ces premiers mélanges bien spécifiques, un jeu d’enchevêtrements plus larges se met en place entre intérieur et extérieur, humain et non-humain, matière et signification. Noués au sein même de l’économie et de la vie quotidiennes, ces entremêlements sont le produit du métier à tisser autonome. Rapprochant ce que l’on habite de ce qui nous habite, ils remettent en cause les distinctions au fondement de notre cosmologie de "modernes", suturant et reconstituant le tissu conjonctif entre le monde vivant et les habitants. Ils engagent alors une sorte de brouillage des frontières généralisé dont nous allons explorer les nœuds.

Des clairières contenant à la fois leur dedans et leur dehors[4]

À Nanterrel, Sacha a construit une "paillourte[I]", une cabane circulaire en forme de yourte faite d'une ossature en bois et de bottes de paille. Quelques années plus tard, la petite famille étant trop à l'étroit, il a tracé au sol autour de la maison un grand cercle dont il a choisi un morceau : ce serait la future chambre des enfants. À l'aide de nouvelles poutres de bois et de bottes de paille, il a élevé des murs. Peu de temps après, une nouvelle petite pièce s'est trouvée accolée à la paillourte. Sacha m'explique qu'il construira progressivement les autres portions de la couronne. Ce sera une deuxième chambre, un sas d'entrée, un jardin d'hiver. Mais sa petite fille, elle, qui se couche tous les soirs face à ce mur mystérieux qui a connu l'air froid, la pleine lune, les ululements des chouettes et les herbes froissées, sa petite fille n'en démord pas : pour elle, sa chambre est toujours à l'extérieur de la paillourte – et ses nuits un petit peu plus proches des étoiles.

Si cette anecdote montre bien la façon dont l'identité des enfants se construit souvent dans un effort de distinction vis-à-vis des parents, elle reflète aussi, dans ce mur de la chambre d'enfant oscillant entre intérieur et extérieur, un phénomène de réversibilité entre dehors et dedans qui revêt de l'importance dans les habitats autonomes. Dans *Le Salon des berces*, le jardinier-paysagiste Gilles Clément évoque l'idée que le propre de la "clairière", définie et par

---

I. Mot-valise inventé par Sacha à Nanterrel formé de la réunion de "yourte" et de "paille" et désignant une maison en terre et paille à ossature bois de forme circulaire, dotée d'une toiture autoportée.

son ouverture centrale et par la forêt qui l'entoure, est de contenir à la fois son dedans et son dehors[5]. Se garnissant d'objets, aménagements et espaces qui brouillent et épaississent la frontière entre intérieur et extérieur, les habitats autonomes apparaissent alors comme des lieux "clairières" mélangeant contenu et contenant.

En écho aux multiples portes et passages laissés ouverts ou garnis de simples rideaux, les habitants autonomes privilégient les délimitations labiles et des frontières qui, comme le formule Noël à Aldebuis, "existent sans exister". Dans les logements, le principe bioclimatique de circulation de l'air et le besoin de faire "respirer" les espaces et les matières naturelles réouvre les limites entre intérieur et extérieur, les transformant plutôt en interfaces et continuums feuilletés. Les baies vitrées, *skydome*, puits de lumière se multiplient mais aussi les sas d'entrée, les vérandas et les serres collées aux maisons qui jouent le rôle d'espaces tampons. Dans les terrains, les frontières et interfaces biologiques peuvent aussi s'ouvrir ou se fermer selon les saisons. Dans certaines habitations séparées de routes par des espaces forestiers, le mur de son constitué par la couverture boisée s'avère variable, plus ou moins perméable au bruit au fil des saisons et des variations associées de la biomasse.

Si les délimitations entre dedans et dehors s'atténuent, les contenus des différents espaces se mélangent également. Les terrains regorgent ainsi de nombreux meubles ou objets d'intérieur tels que des pièces de vaisselle, des chaises, des miroirs, des baignoires, des armoires, des radiateurs ou des portants à vêtements. Leur usage peut avoir été détourné, à l'exemple des baignoires fréquemment utilisées pour préparer des enduits. Souvent, ils sont stockés ou abandonnés là temporairement, comme ces outils "épouvantails" et leurs gestes figés que l'on voit plantés dans les potagers. Parfois leur utilisation était double depuis longtemps, comme ces châssis de fenêtre qui, employés aussi dans le jardin comme de mini-serres, invitent le regard à s'enfouir dans les profondeurs du sol.

Cette projection par pièces détachées de l'habitat dans les terrains prend des fois une échelle plus large, certains habitants évoquant l'idée de composter dans leurs jardins des maisons entières. Sacha par exemple dit vouloir plus tard laisser la sienne "revenir à la terre, ce qui peut aller assez vite si on enlève le toit. C'est du bois, de la terre, de la paille. Si on laisse le ciel l'arroser, ce sera un très bon compost. En deux, trois ans, cela peut devenir un jardin".

Inversement, des éléments naturels se trouvent érigés en appareils ou en meubles, tels ce gros rocher de quartz à Dirlan dont Émeline a fait un "transat", ce puits dans le sol que Fabrice utilise comme un "frigo", ces feuilles de guimauve devenues papier toilette ou ce bloc de granit dont Sergio à Kerlidon a fait la "proue" de son île. Dans la maison troglodytique de Gaspard à Treffonde, un champignon épais en forme "de console" que l'on trouve sur les arbres a été fixé aux parois où il sert d'étagère.

Des espaces comme les serres, considérés d'ordinaire comme "extérieurs" à la maison et dédiés au monde biologique, sont aussi récupérés et convertis en intérieurs habitables. À Kermel, Cédric en a fait un salon d'hiver où il boit son café le matin en lisant des journaux ou en écoutant la radio, tandis que Sergio à Kerlidon projette de transformer la sienne en une véritable salle à manger et en un "endroit de vie où l'on peut se retrouver et refaire le monde".

Les habitants sont nombreux à témoigner de cette extension au-delà des maisons du domaine de l'appropriation et des soins ménagers. À Londine, Annabelle raconte avoir "aménagé beaucoup de sous-bois". Inversement, de nombreux matériaux naturels puisés aux alentours des habitats sont intégrés à l'aménagement ou à la décoration des intérieurs : matelas de fougères, tapis de cailloux et vases en coquillages chez Émeline, collection de pierres et branches noueuses suspendues en plafonnier chez Annabelle, rampe d'escalier tronc d'arbre chez Olivier à Nîmes, constellations évoquées au moyen d'herbages fleuris piqués au plafond d'une cabane à Notre-Dame-des-Landes.

Abritant de multiples niches et recoins, les habitats autonomes voient également leurs enveloppes se feuilleter et se creuser de nouveaux intérieurs. Parce que les matériaux des habitats autonomes sont souvent extraits directement sur place, il est possible en furetant un peu autour des maisons de trouver les traces de leurs lieux d'extraction. La maison dans le paysage laisse ses marques. Parfois transformées en mares ou en étangs, les petites carrières forment alors des clairières "aquatiques", mélangeant intimement dans leurs eaux les reflets du dehors et les empreintes du dedans.

Les habitants sont aussi nombreux à aménager des dispositifs qui révèlent, de manière gratuite ou fonctionnelle, des espaces auparavant cachés à la vue. À Lorelle, cela prend la forme d'ouvertures pratiquées par Gilles pour accéder à des vides sanitaires ou à des combles d'ordinaire condamnés : "Il y a un vide sanitaire sous la maison, ça c'est le trou que j'ai fait parce que je n'aime pas ne pas pouvoir aller vérifier des trucs. J'ai pas fini de comprendre cette maison, il y a plein de petites découvertes dessous." Au Petit Bonheur, Nathan a construit sous le plancher de sa yourte un tunnel aboutissant à un espace "secret", une petite pièce ronde et souterraine éclairée par un *skydome*.

Lors de la réalisation d'enduits ou de murs isolants, une pratique courante consiste également à ménager des ouvertures témoins des différentes strates de l'enveloppe des maisons. Permettant un "regard" sur l'épaisseur feuilletée de l'habitat, ces espaces couramment appelés "fenêtres de vérité" montrent bien la volonté récurrente dans les lieux autonomes de tracer de multiples ponts d'accès entre les couches intérieures et extérieures de l'habitat. Le plus souvent, les habitants donnent à ces "fenêtres de vérité" la forme de hublots, via des découpes circulaires ménagées dans l'enduit et recouvertes d'un disque vitré. Permettant de laisser la paille ou la terre crue de la structure visibles, elles cultivent alors une autre sorte de transparence, ouvrant des fenêtres sur l'épaisseur des surfaces et des matériaux plutôt que sur des paysages et des images extérieures. Comme les clefs collées sur le seuil chez Sylvie à Cantoyourte, les fenêtres de vérité déplacent les interfaces, suggérant d'autres architectures matérielles et conceptuelles. S'allumant de reflets, la vitre posée sur le mur écorché laisse miroiter l'idée d'une matière animée, porteuse d'idées et d'expressivité.

À Nîmes, Olivier a conçu au sein de sa maison-stock un autre type de "fenêtre de vérité" éclairant à la fois le dehors et le dedans. Parmi les multiples objets et motifs qu'il a incrustés dans sa façade, une inscription s'étale en grosses lettres au-dessus de la porte d'entrée : "Habiter le temps". Translucides, ces mots dont il dit qu'ils sont pour lui des "phares" s'éclairent la nuit depuis l'intérieur du bâtiment lorsque la lumière est allumée. En plus de l'idée de faire du temps une intériorité habitable, l'inscription instaure un mélange troublant entre intérieur et extérieur puisque ces "mots-phares" de l'univers intérieur d'Olivier se retrouvent à la fois visibles du dedans et exposés au-dehors aux yeux de tous. Comme si le fait même d'"habiter" revenait à voir l'intérieur devenir extérieur et l'extérieur devenir intérieur. Comme s'il consistait précisément à pouvoir vivre cette réversibilité.

La multiplication des espaces extérieurs et les nombreux trajets qui en découlent entre le dedans et le dehors du logement favorisent aussi les instants de recul. Intérieurs et extérieurs apparaissent alors réunis sur un même plan. Charlot et Noël racontent tous deux avoir vécu des moments d'épiphanie en apercevant, une nuit qu'ils étaient sortis, l'image de leurs maisons éclairées de l'intérieur et projetant un peu de leur lumière au-dehors. Ces moments d'entremêlement où la maison est perçue à la fois dans la lumière de sa vie intérieure et dans son milieu extérieur donnent à celle-ci la puissance d'un rêve accompli et d'un projet dont Charlot réalise, via la lumière "pro-jetée[I]", la concrétisation : "Je suis sorti de la chaumière en pleine nuit, et puis là, j'ai vu les lumières de deux, trois bougies depuis l'extérieur de la chaumière, j'ai vu toutes ces lumières de l'intérieur, je ne me rendais pas compte que ça éclairait à l'extérieur. En fait, avec toutes ces lumières qui jaillissaient des vitres de la chaumière et qui éclairaient un peu dehors, je me suis rendu compte que, oui, j'étais complètement en train de vivre mon rêve." L'habitat est alors vécu comme un continuum, à mi-lieu entre l'intériorité et l'extérieur, le rêve et la réalité.

Des rats dans les murs : enchevêtrements entre les mondes humains et non humains

Fabrice est arrivé il y a dix ans sur le terrain de l'AMAP de Jouy-le-Potier, d'anciennes vignes en friche en lisière de forêt qu'il a éclaircies et transformées en parcelles de maraîchage. Progressivement, il a construit sur le terrain deux bâtiments chauffés au bois rattachés aux réseaux d'eau et d'électricité, l'un inachevé qui lui sert de hangar pour distribuer les légumes, l'autre à peu près terminé qui lui sert de logement. En rentrant dans la grande pièce à vivre, Fabrice me montre du doigt une haute bibliothèque en bois pleine de livres et de gros volumes d'encyclopédies : "Il y a une poule qui dort ici. Elle avait une collègue qui s'est fait manger par un animal sauvage, elle était terrorisée et, depuis, elle pense que la maison c'est plus sûr. Donc le soir elle rentre et puis elle dort sur la bibliothèque, tout en haut. Dès que j'allume la lumière, le matin, elle descend."

Comme le montrent Fabrice et sa poule couveuse de livres à Jouy-le-Potier, les habitats autonomes transgressent dans leur recherche de concentration et leurs

I. Du latin *pro*, "en avant", et *jacere*, "jeter", soit "jeté en avant".

métiers à tisser un certain nombre de séparations tacites entre les règnes et les espèces. Cantonné dans l'île de Kerlidon, Sergio encourage son chien qu'il a appelé Moule à devenir ami avec les mouettes et cristallise alors à travers son animal de compagnie différents visages de la faune de l'île. Dans le village troglodytique de Treffonde, véritable labyrinthe végétal et minéral, les habitants s'emparent de l'image réticulaire pour dépeindre leur lieu comme "vingt ans d'humains, d'animaux, de plantes et de matières entremêlés".

La richesse biologique des habitats amène alors avec elle son lot d'espèces aux caractéristiques étranges qui semblent le résultat d'hybridations ou de croisements entre l'organique et le machinique. À Kerlidon et à Jouy-le-Potier, Sergio et Fabrice côtoient ainsi des poules "bouffant du homard", des lapins ayant pris un goût d'iode à force de manger du poisson, des engoulevents[I] au bruit de

I. Oiseau crépusculaire et nocturne présent en Europe dont le chant évoque une sorte de ronronnement pétaradant.

mobylette ou encore des crapauds accoucheurs émettant des sons de flûte de Pan. Charlot à Nanterrel cultive des champignons, les chicken of the woods, dont les volants froufroutants évoquent le plumage ébouriffé d'un poulet. À Londine, c'est une branche ajourée et articulée qui oscille entre l'os et la tresse, ou un fragment de ruche en forme de coquillage trouvé dans le potager. Chez Sylvie, une lourde liane que j'aperçois enroulée autour d'un arbre donne à celui-ci l'allure, de par sa texture et sa grosseur identiques à celles du tronc, d'un "arbre-serpent".

Parce qu'elles contribuent de mille manières à façonner le paysage, ces multiples présences vivantes se confondent avec leur milieu. En apercevant à ses pieds une jeune pousse d'arbre, Klaus en charge de l'entretien de la forêt à Londine dit ainsi que "c'est un oiseau ou un écureuil qui a perdu sa noix". Dans un raccourci digne des *Métamorphoses* d'Ovide, il assimile alors l'animal à la trace végétale de son passage, donnant l'impression que l'oiseau et l'écureuil se sont quelque part transformés en arbres. Au Val Vert, Julien remarque l'effet singulier créé par les animaux sauvages. Invisibles, ceux-ci laissent çà et là des indices de leurs parcours, parsemant d'éclairs de vie et d'animation toutes les facettes y compris minérales et végétales du territoire.

Ces mélanges entre les règnes ainsi qu'entre humains et non-humains se traduisent aussi dans une utilisation croisée des espaces et des objets. À Londine, l'étage d'une grange abrite par exemple un curieux mélange de fonctions. Des plantes montées en graine y sont mises à sécher sur les mêmes lits de draps blancs que ceux qui reçoivent les visiteurs hébergés pour une nuit ou deux. Via ce rapprochement, la grange devient à la fois grenier à rêves et dortoir pour plantes. Pour les humains et pour les non-humains, le sommeil apparaît comme une affaire de graines qui s'égouttent, se précisent et se cristallisent sur l'oreiller.

Chez Émeline à Dirlan, un service à thé a été transplanté dans le potager et éparpillé dans les parcelles.

Les tasses servent de récipients pour récolter l'eau de pluie et la théière, d'arrosoir. Là encore, une indistinction s'opère entre les objets servant aux humains et aux non-humains. On trouve aussi d'immenses armoires utilisées pour la culture de champignons, des carcasses de voitures ou des fauteuils transformés en plates-bandes, des arbres vivants intégrés aux charpentes, des baignoires où "roupille" de la barbotine[I] ou des bouteilles d'eau couchées dans les parcelles qui régulent la température de la terre et agissent comme de véritables "bouillottes pour plantes".

Les habitants sont plusieurs à raconter également comment paons, souris ou scorpions s'aventurent jusque dans leurs lits. À Notre-Dame-des-Landes et à Nîmes, les rats vivent dans des capuches ou nichent dans une roue de secours sous le capot d'une voiture. À Londine, les pies viennent voler des petites cuillères à table et les chats dorment dans les casseroles. Ces infiltrations ne sont pas contradictoires pour les habitants avec le sentiment d'avoir leur espace, comme en témoigne Annabelle à Londine : "La roulotte pleine de souris, pleine de fourmis et tout ça, je connais, mais j'étais quand même contente, j'avais un petit coin à moi." Pour Antonin au Ricochet, ne côtoyer que des êtres humains est d'ailleurs bien plus insupportable que de vivre dans une trop grande promiscuité avec le monde non humain.

Au gré de ces croisements d'espèces et mélanges d'espaces, un jeu de projections s'instaure. Loin d'un phénomène platement anthropocentrique, celui-ci opère davantage dans le sens d'une hybridation ontologique et d'une fertilisation croisée entre humains et non-humains. À Londine, une gerbe de plantes montées en graine qu'une femme brandit prend, allumée par le soleil, des allures de flambeau. Exposés, des troncs ou souches

I. Boue formée avec de la terre tamisée et diluée dans de l'eau utilisée pour la construction.

dotés de semblants de bras ou de jambes se transforment en totems. D'autres fois, c'est la forme alanguie d'une courge déposée dans l'embrasure d'une fenêtre qui donne l'impression qu'elle s'y repose, ou un énorme four façonné comme un crâne qui dessine les contours d'une gigantesque créature à moitié enterrée. Le phénomène de projection fonctionne alors dans les deux sens. Rebondissant en boomerang, il favorise autant les effets anthropomorphiques via l'attribution d'aspects humains au monde non humain que le biomorphisme, consistant à conférer des caractéristiques non humaines aux humains. Les projections anthropomorphiques ne ressortent ainsi pas automatiquement d'une oblitération de l'être vivant qu'elles embarquent, ni de ses agentivités ou logiques singulières. Elles peuvent se voir au contraire comme des passerelles inaugurales à l'établissement d'une attache au vivant, et le tissage d'un "canal" de significations qui pourra faire en sorte que les mondes humains et non humains circulent l'un dans l'autre, mélangeant et "traduisant" ainsi les récits et significations qui leur sont propres.

À Londine, Klaus parle de ses arbres et de leurs étapes de vie en les rapportant à celles des humains : "C'est un érable sycomore, maintenant il commence à avoir l'âge de faire des petits, parce qu'il a besoin de grandir avant, *comme nous*." La comparaison avec l'humain ne projette pas chez Klaus d'usages anthropocentrés mais va plutôt se loger dans des cycles métaboliques communs aux êtres vivants en général, comme la croissance et la reproduction. De la même manière, l'identification de formes anthropomorphes ne fait pas que ramener le monde non humain vers le nôtre : elle favorise l'implantation et l'extraversion de l'imaginaire dans un monde autre qu'humain, lui fournissant un nouveau répertoire sensible puisé dans l'écosystème.

Les pratiques maraîchères et jardinières autonomes cherchent comme nous l'avons vu à bonifier leurs terres et à enrichir leurs écosystèmes. De la même manière, leurs pratiques imaginaires et métaphoriques, loin d'être instrumentales ou prédatrices, vont dans le sens d'une diversification des formes, agentivités et récits élaborés au contact du vivant. Dans le potager de Londine par exemple, l'opercule crevé d'une inflorescence d'ail ressemble à un petit chapeau pointu dont on l'aurait coiffée. Introduit à l'attention par une ressemblance anthropomorphe, l'être qui en ressort apparaît comme un hybride humain et non humain, concourant autant à anthropomorphiser la plante qu'à biomorphiser l'attribut humain qui s'y profile.

Accentuant ces phénomènes d'hybridation, certains habitants autonomes se projettent dans les espaces initialement prévus pour les végétaux ou les animaux. C'est le cas de ces "hommes-plantes" qui, à Treffonde, Kermel, Nanterrel, Kerlidon ou aux Gondilles, ont décidé de vivre "sous serre", mais aussi de Daniel à Saint-Paterne qui a acheté une maison de batelier parce que, dit-il, il avait "envie de rester dans le lit de la Loire".

Des raccourcis entre les humains et leurs productions sont parfois effectués, aboutissant là encore à d'étranges espèces hybrides. Aux Gondilles, la salle commune de la ferme accueille chaque week-end un petit marché des producteurs du coin. Peu avant l'ouverture, un habitant rentre en coup de vent : "Il est pas là Étienne ?" À côté de moi, Yoann répond en montrant des boîtes d'œufs posées sur une table, comme si le fameux Étienne à force d'élever des poules avait fini par devenir l'une d'elles : "Si si, il est là." Certains habitants lorgnent également les plantes et le règne végétal, rêvant d'en acquérir certaines propriétés. En incrustant dans l'habitat de nombreux éléments translucides, avec une prédilection notable pour les bouteilles ou bocaux en verre à usage alimentaire, ils rapprochent leur quête d'autonomie de cette autotrophie ou capacité à "se nourrir de lumière" caractéristique du règne végétal[I].

I. Voir aussi p. 75-76.

Parfois, certains habitants pratiquent des activités ou des rituels qui instaurent entre eux et les non-humains une véritable intimité. Pour Joséphine à Londine, la taille des oliviers est un moyen "d'être seulement avec les arbres". Dans d'autres cas, les habitants se contentent d'observer les autres règnes et de les voir, selon les mots de Marie au Petit Royaume, "participer à la vie", comme Sergio à Kerlidon qui s'est fait une amie goéland avec laquelle il converse à distance ou Marie au Petit Royaume qui vient souvent à sa fenêtre observer les ballets d'hirondelles et leurs étranges "rituels". Cette proximité avec les non-humains va parfois jusqu'à donner l'impression aux habitants de "passer dans une autre dimension", comme Sylvie à Cantoyourte qui raconte ce moment où une chouette est venue se poser sur une branche à deux mètres d'elle et ne l'a pas quittée des yeux pendant cinq longues minutes : "Quand il y a un échange de regard, ça ramène à l'essentiel. On passe dans une autre dimension. On n'est pas détaché du monde, c'est l'immanence. Je suis encore plus proche de tout ce qui m'entoure. Avec la chouette, je n'avais plus de pensée, j'étais tétanisée. Tout s'est arrêté. C'était comme un coup de foudre. Quand il n'y a plus de discours." De tels moments d'intimité partagés avec un non-humain peuvent faire figure comme le suggère Sylvie de "porte" ou de tremplin vers un état de symbiose où les distinctions ontologiques cessent brusquement d'exister – "tout s'est arrêté". Le regard échangé avec la chouette se diffracte pour saisir dans son éclat "foudroyant" le monde dans sa globalité.

Dans l'entrebâillement : les habitants autonomes entre sens et sensible

Lors de ma visite à la Maison Autonome en Loire-Atlantique, Patrick me conduit vers une construction située à quelques pas de l'habitation principale, une petite maison réalisée en paille et ossature bois à l'occasion d'une série de chantiers collectifs. Pour permettre au bâtiment de mieux stocker l'énergie solaire captée par les ballots de paille, l'intérieur a été doublé de murs en briques de terre crue. Ceux-ci ont pour propriété d'emmagasiner la chaleur et de la libérer ensuite lentement de manière homogène à travers l'habitat. À la différence des convecteurs qui n'envoient les courants d'air chaud que dans un sens, les briques fonctionnent comme un radiateur à basse température intégré aux murs qui rayonne dans toutes les directions. Le confort thermique qui en résulte crée, me dit Patrick, la sensation d'être "*envoûtés* de chaleur radiante". L'image qu'il emploie contient l'idée d'un air chaud qui enveloppe, composant comme une seconde maison d'air chaud à l'intérieur de l'architecture apparente. Mais si l'on se fie au second sens du verbe "envoûter", elle évoque aussi l'idée d'une chaleur qui passerait du sensible au sens, venant ensorceler les habitants et modifier leur état de conscience.

L'écologue et forestier américain Aldo Leopold décrit cette façon dont l'autoproduction et la vie autonome permettent, via leur inscription dans le monde vivant, d'enregistrer les sensations, fragments de sens et "briques d'histoires" qui s'y rattachent. Voir croître un arbre, le couper soi-même et le regarder brûler fait prendre conscience de tout ce que cet arbre porte en lui de lumière, de pluies, de saisons – tout ce qu'il a emmagasiné comme mémoire sensorielle. Couper l'arbre et le faire brûler n'est pas seulement alors un moyen de se procurer de la chaleur mais aussi de se laisser "envoûter" par l'arbre, en voyant chatoyer dans les flammes les reflets de tout le tissu vivant qui a présidé à sa croissance :

> mon chêne vécut assez longtemps pour engranger quatre-vingts soleils de juin. Et c'est la lumière de tous ces étés qui va maintenant réchauffer ma

> maison. À chaque tempête, le panache sortant de ma cheminée informera toute personne que cela pourrait intéresser que le soleil n'a pas brillé en vain[6].

Pour Aldo Leopold, le bois que l'on produit soi-même se développe tissé dans des gestes et dans un contexte qui lui donne à la fois une épaisseur sensible et un "réservoir de sens". Ainsi, pour peu qu'on ait

> abattu, scié, fendu et transporté l'arbre soi-même, en laissant son esprit travailler en même temps, on se souviendra longtemps d'où vient la chaleur, avec une profusion de détails qu'ignoreront toujours ceux qui passent le week-end en ville près d'un radiateur[7].

Tout comme les bûches de Leopold, les éléments de l'habitat pris dans le métier à tisser autonome s'agencent en "nuages de choses[8]". Ils s'articulent à des mondes qui, miroitant à travers eux, les déploient en fractales. Dans *Hélène ou le règne végétal*, le poète René-Guy Cadou raconte comment de grands meubles en bois aux multiples nœuds renferment chez lui "davantage de cris d'oiseaux que tout le cœur de la forêt" et "délivrent soudain mille peuples d'abeilles et l'odeur de pain frais des cerisiers fleuris[9]". Les habitats autonomes et leurs aménagements déploient aussi à leur manière cette puissance évocatrice de lanterne magique. À Treffonde, une protubérance en forme de flammes jaillit du front d'un masque posé sur le manteau de la cheminée. Lorsque je lui demande ce que représente cette protubérance, Zéphyr qui habite les lieux me répond : "C'est son esprit qui rentre et qui sort." Je ne sais pas à qui appartient l'esprit dont il me parle, mais les récits possibles se multiplient. Dans l'un, la flamme sensible du feu donne une animation expressive et un "esprit" à la cheminée. Elle en fait pour ses habitants un être hybride au corps de feu et au visage d'homme. Dans l'autre, la protubérance en forme de flamme sortant du masque renvoie surtout à notre propre esprit, à cette chaleur qui nous gagne devant la cheminée et à la manière dont celle-ci, réchauffant les sens, libère de soudaines poussées d'imaginaire et alimente la fabrique de récits.

Ce pouvoir évocateur se constate aussi à l'échelle de matières ou d'objets plus fonctionnels. Parce qu'ils sont recyclés ou tirés d'un milieu naturel dont ils portent encore la trace, les meubles par exemple deviennent, dans les habitats autonomes comme chez René-Guy Cadou, "vraiment meubles[I]". Réouvrant sur le tissu vaste et changeant de leur contexte[II], ils réapparaissent comme des maillons à l'intérieur d'une "personnalité-toile" plus étendue[10].

À Nîmes par exemple, chez Olivier, une très longue branche de bois tout arquée fournit une rampe à l'escalier et invite à redéployer mentalement le corps entier de l'arbre auquel elle appartenait. Dans la chaumière de Charlot, le balcon de la mezzanine construit dans un assemblage de branches noueuses évoque non seulement l'emmêlement des troncs de la forêt mais convoque aussi, parce qu'il ressemble à s'y méprendre à un ensemble de fantastiques bois de cerfs, le peuple de ses habitants. Sur la ZAD de Notre-Dame-des-Landes, je découvre au détour d'un chemin une échelle composée d'un tronc mince dans lequel ont été fichés des barreaux en bois. Apposée contre un chêne, l'échelle qui apparaît alors littéralement "à l'appui" de son contexte cesse de se résumer à sa forme et à sa fonction. Réinscrite "à l'échelle" de ce dont elle est issue, elle redevient squelette d'arbre, le double, disséqué et figé, du chêne qui la soutient.

De manière générale, les habitants témoignent de la façon dont la richesse sensuelle de leurs habitats dépasse

I. Le mot "meuble", dérivé du latin *mobilis*, désigne dans le vocabulaire juridique "ce qui peut être déplacé" et, dans la langue agricole, une terre qui se laboure ou se fragmente aisément, in Rey-Debove & Rey, *op. cit.*, 1986, p. 1194.

II. Du latin *contextus*, "assemblage" et de *contexere*, "tisser avec".

le plan strictement sensible pour construire du sens. Pour Henri de la ferme de Pont-Espices ou Fabrice à l'AMAP de Jouy-le-Potier, "le corps et l'esprit sont pris". Aux Gondilles, la capacité à relier sens et sensible va même plus loin, puisque l'odorat très développé de Yoann lui permet, dit-il, de "sentir l'humeur des gens" ou de détecter les mensonges. En écho avec ces "fenêtres de vérité" que les habitants pratiquent comme témoins du corps de leur maison, Yoann affirme sa conception d'une vérité pragmatique, faite d'idées imprégnées des réalités sensibles qui les ont fait naître. Pour cet ancien étudiant en physique reconverti en berger, les perceptions collectées par nos cinq sens sont à la base des liens intellectuels que nous établissons entre les choses : "Quand on dit « sentir », en fait, pour une grande partie, c'est par nos cinq sens. Après on intellectualise, mais à la base, c'est nos cinq sens qui font le lien."

Parce que sens et sensible sont perçus comme à ce point enchevêtrés, les habitants autonomes développent toute une série de gestes symboliques à double valeur qui agissent en même temps sur le plan de la matière et de la signification. Cette imagination matérielle s'exprimant à travers le monde vivant se manifeste notamment dans le rapport des habitants à la mort. À la Maison Autonome, la pratique de l'humusation[I] du corps est perçue "extérieurement comme un accompagnement de la destruction du corps" et en même temps "comme un accompagnement du deuil intérieur". À Treffonde, Jules a aménagé au creux de buissons une alcôve végétale où l'on peut venir enterrer des messages. Elle sert aux habitants de "chambre du souvenir".

Dans la coopérative de Londine, de nombreuses personnes reconnaissent faire de certaines pierres ou

I. Processus consistant à déposer des cadavres humains dans un compost recouvert de matières végétales broyées afin que des micro-organismes (les humusseurs) transforment le cadavre en humus fertile.

plantes les "symboles" de proches ou d'amis disparus. Parfois, c'est le corps entier de l'habitat qui est proposé comme support pour raconter l'histoire du collectif et cristalliser sa mémoire. Pour les quarante ans de la coopérative, il a ainsi été demandé à chacun de choisir un objet de la vie du lieu et d'expliquer sa signification devant une caméra. Annabelle raconte le geste qu'a eu Aymeric, un jeune professeur de musique s'occupant régulièrement du potager : "Il a pris une poignée de terre qu'il a montrée et il a expliqué que cette terre, elle était comme le collectif. Quand il fait beau tout est dispersé, tout est éclaté. Mais quand il pleut, quand il y a des pépins, elle se rassemble et on est tous là ensemble, pour affronter les trucs."

Pour Sacha à Nanterrel, l'habitat matérialise l'histoire familiale, ses secrets, ses non-dits, ce que l'on peut ou non en transmettre. Tailleur de pierre, son père lui a légué une grande et lourde bâtisse, pleine de la mémoire d'une vie de labeur et d'une histoire familiale douloureuse. Pour Sacha, il n'est pas facile d'hériter d'une telle maison : "C'est aussi quelque chose que l'homme impose aux autres, une dette, un poids, une « prison »." La construction d'un bâtiment en paille, léger et centré sur les besoins du moment, lui a alors permis au sens propre et figuré de "lâcher les pierres qu'on a au moment où on a des enfants, pour ne pas les transmettre". Parfois, ces doubles sens qui investissent les espaces et les matières de dimensions symboliques se font aussi en partie à l'insu des habitants. À Jouy-le-Potier par exemple, Fabrice qui dit avoir du mal à trouver de la disponibilité pour se détendre voit les mots qu'il utilise rattrapés et "contaminés" par le maraîchage lorsqu'il déclare qu'il faut "*cultiver* le temps libre". Annabelle à Londine désigne une plante qui a germé à partir de graines offertes par une amie décédée comme "les graines d'une personne", laissant alors transparaître en sous-texte l'espoir que le corps et la mémoire de son amie puissent se perpétuer.

4^{E} PARTIE

LA FABRIQUE D'UN POUVOIR : LA *POÏESIS*

CHAPITRE 12

TRAVAILLER DES LIAISONS ET DES COMBINAISONS : UN FAIRE HYBRIDE

Dans l'écolieu de Treffonde, une ancienne carrière de tuffeau reconvertie en village troglodytique, des motifs et figures ont éclos au fil des ans sur la roche, constellant progressivement les parois des cours, des caves et des galeries. Je vois des visages énigmatiques, hurlants ou endormis sous la mousse, des têtes empilées et des bustes qui jaillissent comme des figures de proue des hauteurs du coteau. Il y a des monstres gargouilles et des yeux sans visage, des membres – mains, pieds, doigts – qui sortent des murs, des langues tirées, des chevelures qui s'emmêlent et retombent en drapés. Il y a des massifs d'agrumes et de têtes d'oiseaux, des bébés en tailleur près d'étoiles de mer et de têtes de mort, et tout un peuple d'arabesques roulant entre des silhouettes de salamandres, de grenouilles, de chats, de poissons, d'escargots. Il y a des chapiteaux, des arches et des colonnes. Pointant entre les feuillages qui dévalent du coteau, des têtes de porcs, de renards, de singes, de lions, et tout un bestiaire plus grand encore de créatures hybrides ou mutantes, tordues par les failles et les gonflements de la roche. Sculptés par les uns et les autres dans ce tuffeau si tendre, les reliefs de ce monde ont surgi là par hasard, sans plan d'ensemble ni préméditation, fruits de visions et lubies passagères, de moments de désœuvrement. La roche est devenue bloc-note, on l'a utilisée pour s'exercer sur le tas – saisir une idée, une forme, un état d'esprit. Progressivement, Zéphyr, tailleur de pierre et fondateur du lieu, a déployé ses gestes de tisserand à travers la pierre. Il s'est mis à sculpter des raccords, à ajouter des liens, à tendre des lianes dans la forêt de visages.

L'image du métier à tisser nous a été utile pour décrire le mode de vie autonome. Machine permettant de travailler les textiles, le "métier" cependant désigne aussi de manière générique une habileté technique et un corpus élaboré de savoir-faire[1]. Chez des habitants autonomes qui se réapproprient les processus de production et les concentrent à l'échelle de leurs lieux de vie, la question des façons de faire et de fabriquer, si fragmentée et invisibilisée au sein des sociétés industrielles[2], revient au premier plan. À quoi ce métier à tisser autonome compris comme "savoir et habileté à tisser" ressemble-t-il concrètement ? En quoi les images et relations poétiques à l'habitat que nous avons vu se former sont-elles aussi le fruit de gestes et façons de faire poétiques ? Pour le comprendre, nous allons nous intéresser de plus près à la "fabrique" du mode de vie autonome en examinant une troisième et dernière facette de la poésie, comprise cette fois-ci comme *poïesis* travaillant la matière.

Marqués par l'autoproduction et l'ouverture au vivant, les habitats autonomes redeviennent en effet intensément appropriables. Rendus accessibles aux agir humains et non humains, ils acquièrent pour leurs habitants la porosité et la malléabilité d'une paroi de tuffeau. Ce pouvoir d'intervention n'est cependant pas unilatéral. Exerçant un effet boomerang, les lieux réappropriés transforment également leurs habitants et influencent leurs actions. Comme à Treffonde qui voit ses caves, creusements et galeries intérieures se peupler de figures sous l'action combinée des habitants, des visiteurs mais aussi de l'érosion, des mouvements du coteau ou des bêtes qui le peuplent, les gestes autonomes s'infléchissent au gré d'un ensemble d'émergences et de présences. "Au carrefour de multiples composantes[3]", ils sont traversés en permanence par des puissances d'agir qui tour à tour les orientent, les imprègnent ou les font dévier. Les pratiques autonomes en retirent un caractère profondément hybride. Remettant en cause les catégories et partitions existantes, les "visages du faire" rencontrés sur le terrain des habitats se mélangent, affichant la même diversité et le même côté énigmatique que les figures de gargouilles sur les façades de Treffonde.

À la fois perfectionniste mais aussi délibérément expérimental, itératif et intuitif, le type de faire des habitants autonomes se déploie à petite échelle, au niveau de l'habitat local. Cyclique et basé sur la récupération, il procède par détours, approximations ou ajustements successifs et se distingue des logiques de construction ou d'aménagement planifiées, méthodiques et linéaires. Très souvent, le manque d'expérience et la démarche autodidacte suscitent une remise à plat et l'examen à nouveaux frais de toutes les questions techniques. Ce processus s'apparente alors à une remontée aux "fondations" mêmes de l'acte de bâtir, comme en témoigne Rémi à la Ruche : "C'est ça aussi de faire des plans soi-même. Tu te poses toutes les questions. Tu es obligé. Du coup tu as le temps de réfléchir, de peaufiner les trucs comme les fondations. Au bout d'un moment, quand tu as fait le tour de la question quatre fois, c'est bon."

Les travaux quotidiens auxquels se consacrent les habitants sont non spécialisés, diversifiés et évoluent selon les saisons, embrassant le maraîchage, la construction, l'élevage, la foresterie, la cueillette, la pêche, le tressage de l'osier, la couture, le tricot. Mais aussi le travail du bois et du cuir, le forage de puits, la boulangerie, la fabrication de fromages, conserves, vins et confitures. Dans les lieux de vie collectifs comme la coopérative de Londine, la rotation des tâches et le maintien de la polyvalence des membres font partie des principes fondateurs. Ce fonctionnement favorise chez les habitants les rapprochements entre différents types de faire, comme chez Zéphyr à Treffonde. Tailleur de pierre, il s'est aussi formé à une technique de modelage corporel thaïlandais. Tout en préparant des bolets fraîchement cueillis, Zéphyr dit également être "passé maître dans l'art de *tailler* les champignons". Comme si, confronté aux activités de l'économie domestique autonome, son métier de tailleur de pierre venait les contaminer et s'hybrider avec elles.

Bien sûr, la notion d'artisanat a été l'une des premières à me venir à l'esprit lorsque j'ai commencé à observer les gestes et façons de faire autonomes. Évoquée à de nombreuses reprises par les habitants, elle rejoint leurs pratiques non spécialisées d'autoproduction à petite échelle d'objets du quotidien – à la fois porteurs d'une "histoire", leviers d'autonomie et sources de revenus d'appoint. Souvent autodidactes et reconnaissant volontiers "en faire trop", les habitants se distinguent cependant de professionnels de l'artisanat aujourd'hui largement spécialisés et souvent rattrapés par le modèle industriel. Ils témoignent aussi d'un côté intuitif qui les éloigne du geste d'"auteur" volontaire et maîtrisé associé à l'artisanat. Au Petit Royaume, Gérard me dit par exemple en parlant de son chantier de construction être persuadé de "ne pas être tout à fait *l'artisan* de tout ça".

Les démarches autonomes sont loin par ailleurs d'être des usages ou activités ayant une fin en soi. En dépit de leur caractère spontané ou instinctif, elles comportent une dimension profondément productive et performative, tournée vers l'action et soucieuse de démontrer "ce qui peut être fait". Influencés par le modèle de l'ingénierie ou le vocabulaire parfois techniciste de la permaculture, Sacha, Julien ou Gilles n'hésitent pas à parler en termes de terrain "productif", de "design", de "facteur limitant" ou de "solution rationnelle". Les façons de faire autonomes s'accompagnent cependant d'un rapport très libre et distancié à la technique envisagée comme corpus normatif de procédés et règles à respecter. Les habitants reconfigurent en effet sans arrêt les problèmes auxquels ils sont confrontés et cherchent pour les résoudre à inventer leurs propres protocoles.

Certes, de nombreux aspects des "maisons-stocks" autonomes[4] et de leurs chantiers permanents évoquent le monde du bricolage, cette activité faite d'ajustements, d'heureux hasards et de tâtonnements à l'intérieur d'un "univers instrumental clos[5]". Les habitants sont peu nombreux toutefois à se reconnaître dans la figure du bricoleur. Certains comme Gérard au Petit Royaume rejettent même complètement la trivialité attachée à la notion, la jugeant incompatible avec l'intimité et l'intensité des gestes associés à leurs tâches : "Le bricolage n'a jamais été une référence. Je n'ai pas vécu les choses en bricoleur, pour moi c'est pas du tout ça, j'étais en relation avec les éléments." Les habitants sont alors nombreux à évoquer la dimension artistique de travaux qu'ils peuvent, dans les espaces de liberté qu'ils ont acquis, parfaire et fignoler comme bon leur semble. Pour Gérard au Petit Royaume, "il faut que le geste soit beau". À Nanterrel dont l'un des sites a été baptisé "Les Arts Verts", Sacha dit "essayer de mettre de l'art" dans tout ce qu'il fait, "que ce soit dans le jardinage, l'accompagnement des enfants ou la construction". La figure de l'artiste ou l'idée d'art n'en restent pas moins associées aux pires travers du marché de l'art contemporain – quête du profit, intellectualité conceptuelle, démarches narcissiques et entre-soi. Elles deviennent alors bien souvent objets de méfiance et de désintérêt chez des habitants qui privilégient les installations "sauvages", non revendiquées et non signées.

Les visages du faire autonome relèvent ainsi à la fois de l'art, de l'artisanat, du bricolage, de la technique, sans être réductibles à aucun de ces termes. Il ne s'agit pas ici de discuter des spécificités de ces types de faire les uns par rapport aux autres mais plutôt de constater, comme l'avait fait la socio-anthropologue Geneviève Pruvost, la façon dont ils se multiplient et coexistent dans les lieux de vie autonomes[6]. Leurs habitants se rapprochent alors de ces "fils de la chimère" et du métissage évoqués dans un poème de Jean Richepin affiché dans la salle à manger de Londine : *"Mais ils sont avant tout des fils de la chimère / Des assoiffés d'azur, des poètes, des fous*[7] *"*. Pour Géraldine, habitante de Treffonde, le croisement des façons de faire de chaque habitant – certains plutôt "carrés", d'autres plutôt "ronds" – se transpose au niveau du groupe et donne à tout ce qu'il réalise la forme hybride de "patates étoilées". Comme Gilles à Lorelle le souligne, l'objectif des habitants est plutôt de travailler des "liaisons" et des "combinaisons".

Ancien artiste, Antoine au Petit Bonheur raconte aussi comment la pratique de l'autonomie l'a fait "passer de l'art à l'artisanat, du beau à l'utile, puis aux deux en même temps".

Les habitants autonomes développent ainsi un type de faire hybride se présentant sous la forme d'un "écheveau" qu'on ne pourrait vouloir défaire qu'au mépris de sa singularité. Celui-ci n'est pas étranger à la créature *poïesis* qui, il y a bien longtemps, avant de désigner le travail des mots, entremêlait en son sein les différentes façons artisanales et organiques de transformer la matière.

CHAPITRE 13

“WE DON’T DIE, WE MULTIPLY” : VISAGES D’UNE *POÏESIS* ORGANIQUE

À Dirlan, dans le jardin-jungle d'Émeline, des arbres fruitiers poussent un peu partout. J'aperçois à leurs branches, suspendus dans des filets, de petits citrons jaune vif. Ils luisent après la pluie et me font penser à ces cabochons de verre jaunes et orangés qu'Émeline incruste dans les murs de ses kerterres. Quand je lui demande pourquoi elle suspend ces citrons aux branches des arbres, Émeline hésite : "On me demande toujours ça. Je ne sais pas. Comme ça ils sèchent, et après ils font du compost. Et puis c'est joli. Je fais toujours ça avec les citrons. Depuis le début, j'ai toujours fait les choses sans savoir pourquoi. Et après, tu comprends pourquoi. C'est un peu ça, *l'action organique*." Depuis son arrivée à Dirlan, il y a dix-sept ans, Émeline a pris l'habitude d'apporter à manger à son jardin. Comme on lance des miettes aux oiseaux, elle sème autour d'elle des pépins de citron, des poignées de gazon, toutes sortes d'écorces, des graines, des feuilles mortes qu'elle ramasse et transporte dans de grands draps. Au début, la consoude et la prêle poussaient en abondance. Elle en a rapporté encore. Elle pensait que c'était bon pour le jardin, que ça lui redonnerait des forces. Tous les jours, Émeline donnait à manger autour d'elle – avec les gestes d'"une fourmi qui ne se demande pas pourquoi elle déplace les graines et les plantes, pourquoi elle découpe les feuilles". Machinalement, elle cueillait ici pour redistribuer là, tirant des fils de matière. Peu à peu, ces fils se sont agrippés. Tout doucement, comme des doigts, ils ont commencé à s'activer, à gratter sous la terre, à la mettre en mouvement. Ils ont tracé des chemins pour les humusseurs, fait des nids pour les plantes, tissé des galeries aériennes, hissant silencieusement les voiles du jardin-jungle.

"Ça pousse" : le retour de la *poïesis*

Des façades incrustées de bouteilles aux parcelles de culture façonnées en vagues et buttes, des enduits veloutés aux lacis des jardins-jungles, les habitants autonomes connaissent peu les surfaces planes et lisses. Les parois se gonflent et se vallonnent, les angles s'arrondissent, les toits moussent et fleurissent. Les maisons se développent et grandissent comme les arbres, par anneaux de croissance et enveloppes concentriques. Sur les murs boursouflés se profilent des silhouettes de têtes emmurées prêtes à briser leur gangue de terre. Ici un doigt de ferraille jaillit, là une cicatrice se hérisse et traverse la paille du sol jusqu'au plafond. Sous les fenêtres, les fragments de vaisselle intégrés aux parois éclosent en pompons et en lianes-serpents. Çà et là, dans ces montagnes de matériel et d'objets usagés qu'Antonin au Ricochet appelle des "nids de coucougne", les lambeaux de matière et les pièces détachées s'entassent et se compostent, couvant entre leurs flancs de nouveaux assemblages. Partout la chair du lieu enfle, ondule et se tend, comme si quelque chose poussait à l'intérieur.

Selon Henry David Thoreau, la faculté poétique accompagne la vie autonome comme le chant les oiseaux qui font leur nid[1]. Cependant, cette faculté ne reste pas abstraite. Comme le dit bien l'étymologie du mot, c'est une "façon de faire[I]" qui se matérialise dans l'habitat, en colonise peu à peu les murs et la texture, pousse au travers et autour de lui comme le feraient une peau ou une coquille. Thoreau voit d'ailleurs dans les maisons vernaculaires "une beauté qui pousse graduellement, de l'intérieur vers l'extérieur[2]". Avec leurs formes sensuelles, renflées, ouvertes au hasard et au vivant, les lieux de vie autonomes se rangent résolument du côté de l'habitation organique décrite par Thoreau. Nous avons vu la poésie germer dans les lieux sous la forme d'images et d'une relation bouleversée entre habitants et habitats. La dimension poétique de l'autonomie se manifeste aussi cependant par une *poïesis*, c'est-à-dire par un ensemble de gestes et de façons de faire organiques.

I. Le mot "faculté" vient du verbe latin *facere*, "faire".

Liée étroitement dans la Grèce préclassique aux transformations de la matière puis longtemps cantonnée au monde de la création verbale et littéraire, la *poïesis* est redevenue au début du XXe siècle associée aux idées de vie et de transformations organiques[3]. C'est également sous cette forme qu'elle se manifeste dans des habitats autonomes qui, parce qu'ils donnent à voir une poésie à la fois image, relation et type de faire, résument et rassemblent dans leurs plis la longue histoire de la *poïesis* et de ses trajets sinueux entre les mots et la matière.

Mais que faut-il entendre exactement par cette idée de *poïesis* comme faire organique ? Si certains habitants comme Sacha font référence au biomimétisme[I] et disent parfois s'inspirer des formes et des fonctionnements du monde vivant, le type de faire organique n'est pas vécu au sens strict dans les lieux autonomes comme une façon de copier la nature. Il faut plutôt voir en lui, comme l'écrit Dufrenne à propos du poétique, "un faire qui *produit* la nature[4]" comme on pourrait le dire d'un artiste que l'on produit sur scène ou en résidence. "Faire avec" plutôt que "faire comme", le mode de vie autonome s'organise autour de l'idée que les choses, comme le dit Yoann aux Gondilles, "émergent quand elles sont mûres". À l'intérieur comme à l'extérieur, dans les maisons comme dans les têtes, il s'agit alors d'être attentif, selon Marie au Petit Royaume, à toutes les "métamorphoses qui se font par elles-mêmes" : "Il y a des ouvertures qui se font auxquelles on ne s'attendait pas. Ça devient une évidence à un moment alors que quelques instants avant c'était la grosse pagaille. Un peu comme la limaille de fer soumise à un champ magnétique, ça s'organise."

Le type de faire organique ou *poïesis* entraîne alors des changements importants dans le rapport au travail. Comme Sylvie à Cantoyourte à travers ses divers

---

I. Courant de recherche qui étudie les modèles de la nature et les imite ou s'en inspire pour résoudre des problèmes humains.

mandalas, mobiles et installations, les habitants aspirent surtout à "mettre en ordre" ce qui a poussé et s'est manifesté, en recherchant des espaces de liberté et des terrains d'expression pour ce qui va émerger spontanément. Comme l'explique Emmanuelle à la Daurée, un tel mode de vie oblige alors "à perdre notre sentiment de maîtrise, à accepter qu'on est dépendant d'autres choses. On met une graine mais c'est tout, on ne sait pas ce qui va arriver, ce n'est pas nous qui commandons". Les habitants autonomes sont peu nombreux à véritablement "se laisser porter par la nature" sans travailler ni faire d'effort comme ces candidats à l'autonomie séduits par le mythe de la vie facile décrits avec réprobation par Bernard à la Courance[I]. Cependant, les rythmes et les formes de ce qui passe pour labeur s'en trouvent bouleversés. L'action lente, patiente et minimaliste proche du travail de fourmi revendiqué par Émeline – faite "de petits actes en permanence" et entrecoupée de coups de feu et de grosses décharges d'énergie – se substitue au travail mécanique et continu. Elle se rapproche alors à bien des égards de cette activité de gardien du feu évoquée par Cédric à Kermel ou Nathan au Petit Bonheur, composée à la fois de coups d'éclat – abattage, sciage, flambée – et de consomptions longues et sourdes.

Faire corps : l'habiter-trichoptère

Un petit animal est particulièrement utile pour saisir cette façon "organique" de faire et de construire que je désigne comme *poïesis*. Ce petit animal, c'est le trichoptère. Utilisés

I. Comme en témoignent Bertrand Hervieu et Danièle Léger, ce profil de candidats velléitaires à l'autonomie se rencontre surtout lors de la première vague utopiste, révolutionnaire et communautaire de retour à la terre dans les années 1968-1971. Voir Hervieu et Léger, *op. cit.*, 1979, p. 15.

par les joailliers et par certains artistes[I] pour les dentelles d'or minuscules qu'ils sont capables de tisser autour de leur corps, les trichoptères sont un ordre d'insectes dont les larves s'engoncent au cours de leur développement dans de délicats fourreaux qu'elles assemblent autour d'elles à partir de ce qui les environne : graviers de toutes les couleurs, débris, brindilles… En choisissant de dépendre à nouveau de leurs lieux de vie et de leurs matériaux pour leurs besoins essentiels, les habitats autonomes et leur *poïesis* relèvent de ce que l'on pourrait appeler un "habiter-trichoptère". Comme cet insecte, les habitants font en effet de leurs habitats un "habit" et un organe dont la présence et le bon fonctionnement deviennent pour eux d'une importance vitale. Ils fabriquent alors cet habitat comme s'il était fait de tissus vivants poussant aux points de rencontre de leur corps et du milieu naturel. C'est d'ailleurs

I. Voir par exemple le travail d'Hubert Duprat : Musée d'Art moderne de la ville de Paris, *Hubert Duprat* (catalogue d'exposition), Paris, Paris-Musées, 2020.

l'un des sens de l'adjectif organique qui, au-delà de "ce qui a rapport ou est propre aux organes", désigne aussi de manière large "ce qui provient de tissus vivants[5]". Dans les lieux autonomes, construire n'équivaut pas à produire des objets que l'on conçoit comme séparés, c'est plutôt une autre façon poétique de faire corps.

Les nombreuses traces de mains, de pieds et de bouches que l'on trouve sur les portes de garage, les façades ou les murs intérieurs[6] en témoignent. Trempées dans la peinture ou le maquillage, différentes parties du corps des habitants sont pressées contre les surfaces pour y laisser leurs empreintes. Échos d'un monde qui fait signe, elles sont aussi la marque de ce faire organique qui vient se tremper dans le corps des lieux et s'en imprégner à tel point qu'il reste à planer au-dessus d'eux, y imprimant des mémoires et fantômes de gestes. Cette continuité entre le corps de l'habitat et celui de l'habitant éprouvée à travers la fabrication se manifeste également par les ébauches d'anatomies humaines ou non humaines qui traversent les constructions – du four à pain en terre sculpté comme un crâne aux murs troués d'yeux, parcourus de cicatrices, modelés comme des coquilles ou comme des peaux sous lesquelles on aperçoit parfois le profil saillant d'un organe ou d'une articulation[7]. En inventant ses kerterres, ces petites maisons en terre, argile et chaux sans charpente et façonnées à la main, Émeline à Dirlan a d'ailleurs touché du doigt ce que pourrait être une coquille humaine. Les kerterres durcissent en effet avec le temps : elles "carbonatent", comme les bioconstructions animales fixant le carbone que sont coquilles et exosquelettes.

Plus que la vue, le champ du toucher passe au premier plan. À Saint-Paterne, Céline évoque le travail d'application des enduits comme un "faire caresse". Annabelle retrouve à Londine dans la coupe du bois les sensations immersives et moelleuses de la pâtisserie, "avec les tranches de bois qui volent comme des copeaux, qui se découpent. Quand ça rentre comme dans du beurre, un beurre assez dur, que tu vois se détacher". À Notre-Dame-des-Landes, chez Camille qui construit une cabane sur pilotis, la maison dénuée d'escalier s'"escalade" et se construit au toucher. Inexistant sur papier, le plan se dessine via l'épreuve tactile, il s'inscrit à même la paume et la mémoire de la main.

Le faire organique se trouve aussi lié au refus, récurrent chez les habitants, de dire les choses à l'avance et de trop verbaliser leurs actions, comme si les mots allaient rompre le charme de l'immersion et rendre celle-ci inopérante. Certains habitants privilégient alors des langages corporels, comme au Petit Royaume qui héberge des ateliers d'"eurythmie" – une pratique lancée par le courant anthroposophique cherchant à transformer les mots en gestes.

La *poïesis* autonome et son caractère organique développent donc chez les habitants une sorte d'attention envers un corps "double" qui renforce la dimension métaphorique et poétique de l'habitat. Travaillant aux articulations de l'habitant et de son lieu de vie, elle fait se confondre objet et sujet, corps humains et corps non humains. Ce phénomène se manifeste à travers un certain nombre de pratiques écosomatiques liant l'habitat *("oikos")* et le corps *("soma")* dont Zéphyr à Treffonde offre un bon exemple. Sculpteur et tailleur de pierre de profession, spécialiste du maniement du tuffeau, une roche calcaire très répandue en Anjou, Zéphyr évolue aux frontières de la construction et du soin du corps en exerçant également le *"sculpting massage"*. À l'aide d'un petit marteau, cette pratique consiste à venir marteler et réduire sous la chair les amas calciques. Zéphyr exerce ainsi ses gestes de sculpteur sur le calcaire de l'habitat aussi bien que sur le calcaire du corps, naviguant entre le squelette du monde vivant et les statues enfouies de notre anatomie.

Au Petit Royaume, les gestes de fabrication se positionnent aussi aux points de rencontre des corps de l'habitant et de l'habitat. On se souvient de Gérard qui, sur le chantier de rénovation de la maison, raconte avoir reçu d'une pierre particulièrement lourde le signal qu'il pouvait la soulever, lui donnant l'impression que la pierre "se portait toute seule". La disparition de la sensation de poids vécue par Gérard traduit alors à sa manière l'absorption organique de l'habitant dans le corps de l'habitat : "À un moment donné, j'ai senti que je pouvais le faire. Eh bien j'ai pu prendre la pierre et la porter. C'était une forme de lévitation." À Nanterrel, Sacha montre une autre déclinaison du faire organique comme faire corps à travers ce qu'il appelle le "taï-chi chantier". Intercalant séances de taï-chi[I] et sessions de construction, cette pratique croisée permet selon Sacha de développer une *"écoute"* au carrefour de son corps, des matériaux que l'on travaille, des outils que l'on manie et de la maison que l'on construit.

Geste réticulaire et cuisine organique

Comme en témoignent les nombreux tissages, tressages et installations que les habitants entremêlent au monde vivant, cette façon particulière de faire corps avec l'habitat peut être comprise comme un ensemble de gestes arachnéens et réticulaires, opérant depuis l'intérieur d'un réseau[8]. À Nîmes, Olivier qui a enveloppé sa maison d'une grande toile en carrés de tuiles, la toile de Pénélope, décline sur sa façade le tissu d'échanges et de récupération qui a présidé à l'apparition des fresques. Il en matérialise l'image sur l'habitat, démultipliant le tout via des motifs d'entrelacs, d'arabesques ou de roues qui font écho aussi bien au recyclage qu'aux rouets textiles. Sur l'une des façades,

I. Le taï-chi-chuan ou taï-chi est une pratique corporelle ancestrale d'origine chinoise et dérivée des arts martiaux visant à travailler l'énergie du *chi* à travers des enchaînements de mouvements souples et lents.

sa figure d'un faucheur-semeur saisissant un épi de blé rappelle que le bâtiment était au XVIIe siècle à vocation agricole. Elle se fait aussi le symbole d'un mode de production localisé à la fois dans le geste humain et dans la puissance de vie ou *poïesis* qu'il côtoie. Par son épaisseur multicolore et constellée de motifs, la tige sur le point d'être récoltée par le faucheur d'Olivier évoque le patchwork. Elle résonne alors avec le tissu de Pénélope qui enveloppe la maison et rappelle le caractère enchevêtré des écosystèmes auxquels s'articulent les métiers autonomes.

C'est cette toile traversée par les impulsions du monde vivant dont les habitants sont à l'écoute, dont ils perçoivent les poussées et cherchent à faire vibrer les fils. C'est cette toile dont Gilles cherche les nœuds lorsqu'il circule dans la forêt lors de cueillettes qu'il compare à un "jeu de piste". Conférant souvent aux habitants des gestes de tisserands, elle apparaît de manière révélatrice à Londine où Aymeric dirige les chèvres depuis l'intérieur du troupeau, celui-ci se comportant comme un grand tissu dont tous les fils se tiennent. Il suffit alors d'infléchir un seul d'entre eux pour agir sur l'ensemble : "Les chèvres te considèrent comme une partie du troupeau, donc rien que par ta position, ton propre mouvement, ta propre vitesse, tu peux les diriger."

Cette geste réticulaire et "contextuelle", dans le sens d'inscrite dans un tissu plus large qu'elle[9], court à travers les différents pans du mode de vie autonome. À Londine, le maniement de la laine au sein de la filature a conduit certains habitants, menant leurs recherches textiles de plus en plus loin, à fabriquer du feutre, puis des yourtes et ainsi à s'envelopper de tissu tout entiers. Comme en témoigne Sacha à Nanterrel qui dit avoir, par sa recherche d'autonomie, eu la sensation de "trouver sa place dans la toile du vivant", cette toile ne fait pas que soutenir ou entourer les habitants, elle les traverse bel et bien, eux et leurs gestes, jusqu'à leurs moindres tressaillements et impulsions intimes : "Il n'y a pas de raison que tout ce qui est vivant autour ne le soit pas aussi à l'intérieur de nous."

Par son caractère profondément organique, le domaine de la cuisine et de l'alimentation montre bien la dimension tisserande et poétique des façons de faire autonomes. À Londine, Anthony voit dans la cuisine et dans la poésie "la même complémentarité un peu contradictoire entre l'exigence d'organisation vitale et la culture". Annabelle y cite la fabrication du pain comme un exemple de poésie quotidienne : "On chauffe le four avec du bois que l'on a coupé, que l'on a récolté, il y a ce feu… On pétrit à la main, c'est un travail qui est difficile, mais en même temps, quand tu fais de la poterie, quand tu fais de l'argile, tu travailles comme ça pour faire un bel objet. Et puis quand il sort, si ta fournée est réussie, tu as un beau pain doré, croustillant, qui va être bon, mais qui est beau déjà."

Dans les propos d'Annabelle, la beauté du pain comme objet se conjugue avec l'intensité des corps-à-corps qui accompagnent sa confection. Manipulant une matière première tirée de l'habitat, les gestes de fabrication restent branchés au lieu par d'invisibles filins qui véhiculent sensations, souvenirs et images. Ces gestes enfouissent alors entre les plis de la pâte, comme Peau d'Âne cachant son anneau dans le cake d'amour, de nouveaux ingrédients. Les étapes de la confection investissent l'aliment des pouvoirs de la forêt, du bois, du feu et de la terre. Le pain devient une formule du lieu, son condensé métaphorique, un objet "catapulte" doté du pouvoir de le convoquer et de le redéployer tout entier.

Plusieurs habitants associent également le poétique à une nourriture et à une énergie extraites au sein même de leur vécu, digérées et assimilées ensuite dans une toile du vivant qui prend cette fois-ci la forme d'un réseau sanguin. Marie au Petit Royaume dit ainsi avoir l'impression que la poésie de l'habitat "devient quelque chose qui nous anime, de vivant. Ça passe presque dans le sang, dans les veines, c'est assimilé, digéré. Mais c'est toujours là. Si on pouvait faire des extractions sur d'autres champs opératoires, sur des corps beaucoup plus subtils, on pourrait retrouver cette forme d'énergie qui est là en nous, tous ces aliments dont on s'est nourri". Pour Sylvie à Cantoyourte, les efforts que l'on trouve dans les lieux autonomes pour concentrer les énergies et les matières résonnent avec la capacité de la poésie à "ramasser, condenser, métamorphoser et digérer le monde jusqu'à ce qu'il n'y ait rien à rajouter, rien à enlever". Ceci donne alors à tout ce qui est poétique – en l'occurrence chez Sylvie, à la yourte – les propriétés voire la forme d'un autre tissu, le tissu intestinal. La yourte en effet a beau être légère, pour Sylvie, "elle est à l'habitat ce que le haïku est à la poésie. C'est un ramassis intense de poésie, la yourte : elle a *des tripes*".

De par son caractère profondément organique, la *poïesis* autonome se retrouve animée par les gestes individuels des habitants mais aussi par les agentivités et mouvements de la toile du vivant. Les habitations et réalisations autonomes apparaissent ainsi comme les parties aériennes d'un rhizome vivant beaucoup plus large. Carte du tendre organique, celui-ci, comme tous les tissus, est marqué par sa lisibilité : il garde la mémoire de tous les gestes, filages et interactions qui ont concouru à sa composition.

L'inscription des habitats autonomes dans ce "tissu-mémoire" qu'est le monde vivant atténue notamment la portée de leur destruction et permet d'expliquer l'attitude parfois pugnace et provocatrice adoptée dans certains lieux menacés d'expulsion. Comme toute plante que l'on taille ou que l'on éclaircit, les constructions autonomes partagent avec le monde organique cette capacité des coupes à stimuler leur croissance.

Sur le site de la Boîte Noire à Notre-Dame-des-Landes, un sticker collé auprès d'une grande rosace de bouteilles de verre coloré prête une voix à la cabane et au terrain qui la porte : *"we don't die, we multiply"*. Emportés par les pelleteuses de l'opération César, le site et le sticker ont aujourd'hui disparu. Mais nous sommes prévenus : si les gestes des habitants autonomes s'éclaircissent en surface, leurs racines organiques, elles, se multiplient dans l'ombre.

CHAPITRE 14

UN FAIRE ANIMISTE

C'est la nuit. Je suis postée à l'entrée d'une étable, la ferme des Gondilles autour de moi est déserte. J'écoute l'orage qui approche par roulements sourds. Derrière moi, les ombres d'outils au rebut, de ferraille, de râteliers et de charrettes désossées semblent, sur le fond des grondements, se remettre en branle. J'entends la pluie fine et drue qui tombe en continu. Dans le pré, des chemises suspendues à une corde à linge s'agitent, se gonflent de vent et claquent comme des étendards de Demoiselles. Puis, bizarrement, ça tintinnabule, deux-trois notes émergent comme sorties de clochettes cristallines, irréelles. Elles disparaissent dans le fracas énorme du tonnerre, puis ressurgissent l'instant d'après, petits cailloux de sons de diverses couleurs qui tombent d'un carillon que j'aperçois suspendu là, à l'entrée de la grange. Dans la pénombre, je ne sais plus si c'est un carillon, ou les barreaux d'une cage démontée qui s'entrechoquent. Ses notes s'égrènent avec une régularité et une lenteur persistantes, presque inquiétantes, sur le fond de l'orage. Et c'est comme si ce n'était pas le vent, mais bien quelqu'un qui était là et voulait rappeler sa présence, comme si les mouvements d'air traversant le carillon ne venaient pas du dehors mais du dedans de l'étable, prolongements et reliefs des souffles chauds qui tournaient autrefois entre ses murs. Et devant ce carillon, j'ai la sensation de surprendre les échos d'un monde enfoui, dont l'orage viendrait remuer les profondeurs, comme ces grandes tempêtes qui, brassant les eaux, oxygènent et ravivent le fond des mers.

L'élargissement du domaine du vivant

À Lorelle, Gilles et Caroline se sont installés il y a trois ans en bordure de forêt, dans un pavillon Phénix qu'ils ont enveloppé d'une nouvelle carapace en paille et ossature bois. C'est là qu'ils vivent aujourd'hui, à l'ombre d'un très vieil arbre. Se dressant fièrement au-dessus de tous les autres, son grand mât veille sur le bateau autonome. Escaladant les profondeurs du temps, il en ravive autour de lui la mémoire et les échos carillonnants.

Sur la façade sud-ouest de la maison, je remarque une curieuse fresque qui se détache en relief sur l'enduit. C'est un arbre représenté avec l'ensemble de son système racinaire. Dénudé de son habit de terre, l'enchevêtrement de racines forme comme un second houppier renversé la tête en bas, symétrique du premier. "Ça m'a beaucoup marqué", me dit Gilles, "la découverte de la vie du sol, tout ce monde de racines, cet univers souterrain. Et cette évidence – qu'en fait, on ne voit que la moitié des arbres." Je me retourne vers la lisière pour tenter d'imaginer la forêt et son double de branches-racines flottant au-dessous du sol, en un reflet inversé, comme si la terre était un miroir. J'aperçois alors juste en face du mur et de sa fresque un chêne, immense, qui émerge au-dessus des frondaisons de la forêt. "C'est le seul très bel arbre qu'on a", m'explique Caroline. "Il nous parle. On a besoin de lumière pour le potager, mais lui, on ne va pas le toucher. On va lui faire un peu de place, enlever les arbres bas pour qu'il soit vraiment un être important de ce lieu." Gilles lui a même donné un nom, Big Chief : "Je ne m'en suis pas rendu compte tout de suite, mais le jour où je lui ai donné son nom, j'avais pris ma décision. Je ne pouvais pas le couper." Dans cette jeune forêt plantée il y a une trentaine d'années, Big Chief, lui, dépasse les quatre-vingts ans. Son âge montre que Gilles et Caroline ne sont pas les seuls à avoir été sensibles à son pouvoir : "Les gens avant nous ont pris la même décision. Ils ont dû se dire « On ne le coupe pas ». On reproduit des choix qui ont été faits avant nous. Quelque part, on perpétue une tradition." Big Chief continue donc d'étendre son ombre sur le jardin. Ses racines dans le sol. Sa silhouette sur le mur. Car il n'est pas seulement le "chef", le pilier et le sommet de Lorelle. Il en est aussi l'âge et la mémoire. Gilles le résume en un mot : Big Chief, c'est l'"âme" du lieu.

En charpenterie, en sculpture ou en balistique, l'"âme" désigne la partie centrale et évidée d'une poutre, d'une statue ou d'un canon. En lutherie, l'âme n'est pas le vide mais ce qui ouvre et maintient ce vide : c'est un petit cylindre en bois placé entre les deux tables d'un violon et permettant de garantir la qualité du son. Lieux de condensation d'énergie et de matière, les habitats autonomes sont eux aussi parcourus d'espaces de résonances où les gestes s'arrêtent, de ces petites âmes matérielles et spatiales telles que les conçoivent luthiers et menuisiers. Articulé à une nature qui retrouve une capacité à faire signe et traversé de ces présences carillonnantes, le type de faire autonome aboutit alors au développement d'un rapport animiste au monde vivant.

Remobilisée depuis les années 2010 par différents courants d'humanités environnementales, la notion d'animisme n'est plus aujourd'hui synonyme de sciences occultes ou d'ésotérisme. Elle est devenue plutôt un nouveau creuset épistémologique, politique et social pour repenser, en dehors du dualisme occidental, nos rapports au monde vivant[1]. Plutôt que d'imputer aux non-humains une intériorité absolument identique à la nôtre, cette approche de l'animisme attribue au monde qui nous entoure une vie expressive et une capacité à faire signe. Loin d'être marginalisées, ces recherches en plein développement nourrissent l'élaboration de politiques environnementales et de nouveaux outils tels que la personnalisation juridique des écosystèmes et des êtres vivants non humains[2]. Chez les habitants autonomes, l'animisme ne découle pas de positionnements théoriques mais de l'organisation concrète de leur économie et de leurs modes de vie. Véritables métiers à tisser ontologiques, ceux-ci sont traversés par les paroles, les respirations et les pouvoirs prêtés aux êtres biologiques, aux matières, aux objets et aux lieux.

Sur leurs différents chantiers et lieux de production, les habitants autonomes sont nombreux à envisager la matière comme animée d'une vie propre – de l'argile qui "respire" aux peintures naturelles qui, selon l'heure ou la météo, sont décrites comme "vivantes" mais sont aussi capables de "moisir" et de "mourir". À Nîmes, Olivier Jullian arrose plusieurs fois par heure sa façade-palimpseste pour la garder malléable et pouvoir continuer à y incruster des objets. À chaque coup de jet d'eau, il semble vouloir la maintenir en vie, comme le peintre Soutine lorsqu'il arrosait de sang frais les carcasses d'animaux écorchées qu'il peignait[3]. Au Petit Royaume, les pierres n'ont pas seulement la fragilité ou les respirations de la vie organique. Elles émettent aussi des signaux et Gérard les décrit, s'allégeant soudain, adaptant leurs propriétés physiques à ses attentes. Les gestes liés à la cuisine sont aussi traversés de métamorphoses et de fermentations propices au tissage de relations animistes, comme en témoigne la relation qu'Emmanuelle à la Daurée entretient avec son levain. Mélange de levure et d'eau qui fermente et se développe sans cesse à condition d'être régulièrement nourri, celui-ci peut devenir "sympathique" et recevoir un nom.

Parfois surnommé "chef", il s'endort ou se réveille, fait des bulles et "répond" quand on le "rafraîchit". On peut aussi, me raconte Emmanuelle, le congeler, le "ressusciter" ou le laisser "mourir", telle l'une de ses amies qui, comme si son "chef" reflétait l'état de sa vie intérieure, avait oublié de s'en occuper et l'avait laissé s'éteindre lors d'une dépression.

Comme le montre l'exemple du levain qui s'avive au fur et à mesure des développements de sa flore microbienne, les gestes des habitants engagent aussi quelque chose comme un élargissement du domaine du vivant et de sa perception. Le vivant n'est plus alors descriptible uniquement en termes de flux de matières et d'énergies elles-mêmes conçues comme inertes et inexpressives. Ce n'est plus seulement un objet que l'on met à distance mais un monde d'expériences et de parentés intimes. Capables de venir habiter en profondeur le corps physique et imaginaire des humains, les éléments – l'eau, le feu, l'air, la terre – sont perçus comme vivants. Pour Cédric à Kermel, le feu "c'est vivant" parce que "ça captive, c'est à l'intérieur de nous". L'idée de vie au sens biologique du terme s'agrandit et "fleurit" – comme en témoignent ces "fleurs de vie" que l'on trouve chez Marie – pour devenir une force autonome capable de mener les humains et les non-humains dans différentes directions – "C'est la vie qui m'a amené là", dit Yoann aux Gondilles. Elle confère dès lors aux êtres qu'elle investit une nouvelle épaisseur d'attributs : autonomie, imprévisibilité, agentivité, affects qui rendent chacun d'eux porteur d'un monde.

Garde forestier de la coopérative de Londine, Klaus exprime bien cette nouvelle extension que les habitants donnent au vivant quand il s'écrie, face à une pousse de noyer qui a surgi au bord d'un sentier : "Tiens, qu'est-ce qu'il fait là, lui ?! Tu vois, c'est la preuve que c'est vivant, un noyer." Dans sa bouche, cet arbrisseau qui a surgi d'une noix sans doute échappée à un oiseau ou à un écureuil fait plus qu'appartenir de manière abstraite au répertoire du monde biologique. Il y a en lui une part de vie "échappée" du théorique car elle a été prouvée et éprouvée sur le plan du sensible. Ce qui rend le noyer vivant pour Klaus, c'est sa capacité à voyager dans l'espace, à se reproduire de manière autonome et à faire surgir ses signes, en déjouant les plans des humains et des animaux confondus.

Chez les châtaigniers, cette nouvelle dimension du vivant se retrouve pour Klaus sous la forme de leur pouvoir expressif et de l'attachement qu'ils manifestent à la vie : "Le châtaignier, il pète quand tu le coupes. Quand il tombe, ça part de tous les côtés. Il préfère rester vivant." Englobés dans cette nouvelle définition, les non-humains deviennent, loin des machines ou automates chers à Descartes[4], des présences animées et animantes qui prolifèrent parfois jusque dans l'enveloppe des lieux de vie et leur transfèrent une partie de leurs attributs. À Nîmes, les rats qu'Olivier entend courir dans les murs donnent à ceux-ci un murmure et toute une vie intérieure qui se réveille ou s'endort. À la Daurée, les poules d'Emmanuelle "animent le paysage". Leurs couleurs et leurs mouvements en deviennent partie intégrante, la prairie se voit dotée soudain d'yeux, de becs et de plumes qui se promènent et en font évoluer le centre de gravité. Pour Emmanuelle, leur présence ranime aussi l'histoire du lieu, et c'est à leur contact que les caves troglodytiques sombres et froides retrouvent un peu des lueurs du mode de vie ancestral dont elles sont la trace. Julien au Val Vert le dit bien : les animaux s'intègrent pour lui au sein de "milliers de formes de vie" qui, loin d'être fragmentées, s'assemblent plutôt en un continuum au sein duquel les signes circulent. Tout comme la trame textile des yourtes qui se propage à travers tout l'habitat, l'animation du monde vivant est pour Julien un ressenti qui contamine progressivement la manière générale dont le monde est perçu.

Indépendances et personnages

Tout comme les objets et les matières, les maisons également se voient attribuer une respiration. Des constructions végétales d'Émeline ou de Cédric à la cabane "anarchitecturée" de Camille, du tipi à Kermel à la yourte de Clothilde "qui a sa vie propre", toutes sont perçues plus ou moins explicitement par leurs habitants comme vivantes. Du fait des matières organiques qui les composent, elles peuvent en effet être entièrement compostées et "réincarnées". Cette vie qui leur est attribuée vient aussi du mode de construction *poïétique*, ouvert au hasard et à l'expressivité de la matière, choisi par les habitants. Comme en témoigne Émeline à Dirlan : "La maison, tu peux pas la faire comme tu veux, elle va se faire, un petit peu comme la plante, et toi tu suis." Marie au Petit Royaume joue parfois sur les mots pour refléter cette singularité de trajectoires associée aux lieux et appelle les différents bâtiments qui composent son lieu de vie non pas les dépendances mais les "indépendances". Elle pense d'ailleurs que sa maison est capable de "demander" certaines choses, voire de "choisir" ses habitants – "C'est elle qui nous a choisis".

La multiplication à l'intérieur et à l'extérieur de creux et de niches habités – de plantes, d'oiseaux, d'araignées, de lumières, d'images – renforce par métonymie cette configuration de la maison comme univers "animé". Une indistinction s'opère entre le contenant et le contenu, entre la vie attribuée à la maison et la vie qu'elle abrite. Sur une carte dessinée par Gaspard, l'écovillage de Treffonde est symbolisé par un feu de bois brûlant à l'intérieur d'une niche. À Londine, en écho à cette partie centrale et évidée d'une pièce en bois que l'on désigne en menuiserie sous le terme d'"âme", les insectes mangeurs de bois que l'on entend la nuit grignoter l'intérieur des poutres dans un bruit de feu qui crépite semblent faire parler la charpente et faire s'exprimer l'"âme" du bois dans tous les sens du terme.

Au Petit Royaume, les hirondelles nichées sous les toits rendent la maison “chantante”, ce à quoi fait écho ce buste d’une femme en train de chanter placé en figure de proue sur la façade principale du pâté de maisons. Dans le salon, une niche ouverte dans le mur abrite une icône et une roche lumineuse placées côte à côte. Gérard et Marie me racontent qu’ils ont découvert cette niche lors des travaux de rénovation : “C’est le hasard qui a fait ça. Mais oui, on a une vie intérieure.” L’identification de cette niche incandescente à une vie intérieure montre alors combien l’intériorité de l’habitat et l’intériorité des habitants, bien que de natures différentes, se superposent et entremêlent leurs formes.

Au-delà des maisons, les lieux tout entiers prennent vie. Dans le village de Treffonde, le coteau creusé d’habitats troglodytiques est parsemé sur ses hauteurs de bouches de cheminées. Le long du petit chemin qui domine le village la terre fume, souffle et l’on croit marcher sur le dos plein d’appendices de l’un de ces dragons qui grimacent sur les façades. En Bretagne, l’île de Kerlidon où vit Sergio voit à marée basse sa superficie passer du simple au triple. Elle enfle et se rétracte au fil des marées, donnant à Sergio l’impression qu’elle respire. Les habitants sont également nombreux à attribuer des affects et notamment de la douleur à leurs lieux de vie. Sylvie à Cantoyourte prend soin d’une forêt qui selon elle a beaucoup “souffert”. À l’instar d’Émeline, les habitants ont aussi à cœur de recréer et développer des milieux dont la bonne santé se traduit par une forme d’autonomie : “Le jardin-jungle a une sorte de vie, il a une force ce jardin maintenant avec toutes ses graines, toutes ses plantes, tous ses humus.” À Cantoyourte, Sylvie dit de son atelier qu’elle a réinstallé en plein air dans la forêt qu’il est vivant : sensible aux variations de la lumière, aux éléments, aux saisons, il a retrouvé un corps qui bouge et change en permanence. Ainsi, la fertilité biologique des habitats et leur réinscription dans le milieu naturel transforment la perception des lieux.

Ceux-ci ne sont plus une agrégation d'êtres vivants ni même un écosystème dont on peut modéliser les propriétés mais deviennent des corps propres qui s'animent peu à peu et développent une "âme", sous l'effet des attaches intenses que leurs habitants nouent avec eux. Gérard au Petit Royaume en témoigne : "Je vivais vraiment en relation avec le lieu. C'était quelque chose de peu commun probablement. Je n'avais jamais vraiment entendu parler de cette relation qu'on peut établir avec une maison, avec son âme."

À la faveur de ces échanges, les lieux s'étoffent et cette "âme" qu'ils acquièrent prend parfois la dimension de personnages, comme chez Gilles et Caroline à Lorelle : "En fait, le lieu c'est un personnage. Ce n'est pas ma maison, ce n'est pas non plus chez lui, c'est j'habite avec lui. C'est un personnage dans le sens où c'est lui qui rend tout ça possible." Dans un langage empreint à la fois de paganisme et de religiosité, Sergio sur son île évoque "le Bon Dieu de Kerlidon". Au Petit Royaume, la maison rénovée est une "vieille dame qui a retrouvé un petit peu sa jeunesse d'antan". Plus que dans les discours, le phénomène se traduit dans l'habitat par la prolifération – sous forme d'esquisses, de statuettes, de totems ou de sculptures – d'êtres et de figures de différentes natures : fauves, vaches, requins, demoiselles coquettes, petits garçons rêveurs, bouddha, Indiens d'Amérique, anges, sorcières, licornes. Certains sont associés très explicitement à des lieux clefs qu'ils incarnent et sur lesquels ils veillent à la fois. Sur la ZAD de Notre-Dame-des-Landes, entre 2016 et 2018, des milliers de bâtons laissés par la foule venue défendre le lieu sont restés plantés dans un champ. Épouvantails d'un nouveau genre dirigés vers des prédateurs à forme humaine, ces bâtons capables de marcher, de chanter et de prêter serment[I] symbolisaient

I. À l'époque, cet événement fut présenté alternativement dans la presse et par les zadistes comme "la marche des bâtons", "le chant des bâtons" ou encore "le serment des bâtons".

la promesse des manifestants de revenir en découdre à la prochaine attaque.

À la Maison Autonome, Brigitte a dispersé à travers son terrain de petites sculptures en raku[I] dans lesquelles elle voit des “devahs” ou “êtres de la nature” : “l'ange du lieu” est installé sous le grand chêne, “la gardienne de l'eau” près de la citerne, “l'elfe aux grandes oreilles” à l'extrémité du terrain. D'autres, cachés dans les recoins ou dans les marges, surgissent aux abords d'un tas de bois, sur une branche d'arbre, au creux d'un bosquet, près d'un puits, au fond d'un jardin. Éclats de présence fugitive, ils font écho à la prolifération biologique et à la manière dont la trame entière de l'habitat se réanime et prend vie.

L'importance parmi eux de personnages hybrides et entremêlés – homme-oiseau, Vénus-roseau, homme-soleil, elfe-arbre, garçon-champignon, femme-racines – montre

I. Technique d'émaillage et de cuisson de poteries d'origine japonaise.

que l'animisme autonome ne se réduit pas à un ensemble de projections anthropomorphiques, biomorphiques ou à des emprunts à telle ou telle spiritualité particulière. Il consiste plutôt à croiser et à mélanger les formes humaines et non humaines pour refléter le tissu des lieux et des relations que les habitants entretiennent avec un milieu vivant métamorphique. Ainsi, la galerie de souches et troncs d'arbres que l'on trouve chez Klaus à Londine évoque, avec ses formes noueuses où s'ébauchent des bras et des jambes, aussi bien un groupe d'êtres humains transformés en arbres qu'un bosquet d'arbres où se dessinent des formes humaines. À Treffonde, le mannequin enterré dont on ne voit plus que les deux jambes dressées à la verticale sortant du sol est à la fois un homme dont la moitié du corps s'est enfouie dans la terre pour s'y enraciner et un arbre dont le tronc et les branches ont pris forme humaine. On trouve enfin dans les habitats de nombreux épouvantails fabriqués à partir d'un mélange d'habits humains, de paille ou de matériaux prélevés dans l'habitat mais aussi des monstres, dragons et totems composés à partir d'assemblages d'objets et d'artefacts variés – tôle, ferraille, roues, isolateurs électriques, raquettes, vaisselle, grilles et tuyaux. Allégories des lieux et de leur puissance condensatrice, ils forment les silhouettes de créatures ogresses ayant ingéré et digéré le bric-à-brac humain pour synthétiser de nouvelles anatomies hybrides.

À rebours de celles et ceux qui la dénoncent comme "anthropocentrée", il est l'heure de redonner sa pleine valeur à cette fabrique de présences et de significations qui se produit dans les échanges sensibles avec nos habitats, bien différente des *topoï* et autres signifiants conventionnels attachés à la "nature". Fonctionnant à plein dans les lieux autonomes, cette fabrique animiste et poétique brasse des formes dont certaines, bien qu'anthropomorphes, sont loin de relever d'un anthropocentrisme qui plaquerait sur le vivant des états d'âme préexistants et figés. L'imaginaire poétique dont on observe le développement dans les lieux autonomes est un imaginaire sensible, planté dans la vie du lieu et traversé par elle. Parcouru d'attentes et d'émotions humaines, cet imaginaire sensible intègre ces dernières dans le métabolisme biologique et sémiotique des lieux. Il se présente donc davantage comme un laboratoire de formes et dispositifs métissant les mondes humains et non humains.

Frange animée et bouillonnante d'une sphère culturelle qui se renouvelle par ses bords sensibles, cette fabrique mélangeant les signes et les corps montre la manière dont le langage et l'imaginaire humains, loin d'un anthropocentrisme rigide, se transforment et évoluent en permanence au gré de leurs contacts avec le monde vivant. L'imaginaire sensible et animiste des lieux autonomes invite à redécouvrir les cultures vernaculaires locales dont ils relèvent comme des gisements cachés d'ontologies non dualistes et non naturalistes. Discrédités à la fois par le christianisme, le consumérisme industriel et le rationalisme cartésien, les mondes vernaculaires prêtent pourtant une agentivité et une expressivité à de nombreux éléments du monde naturel. Ils présupposent ainsi d'innombrables liens et interactions invisibles entre la matière et la signification ou entre les métabolismes humains et non humains. Si l'on redéfinit, avec David Abram, l'animisme comme "l'hypothèse du caractère animé des choses perçues[5]", alors on peut affirmer qu'il existe dans de nombreuses cultures traditionnelles, y compris occidentales, des formes d'animisme locales et endogènes qui demandent à être re-légitimées et étudiées en tant que telles.

5e PARTIE

LES RÉSURRECTIONS DU VERNACULAIRE : DU POÉTIQUE AU POLITIQUE

Une maison qui se mange

Depuis plusieurs années, le conte *Hansel et Gretel* des frères Grimm me revient régulièrement en tête. Je vois deux enfants marchant dans la forêt : debout face à une cabane, ils plongent leurs mains dans le mur et en détachent des morceaux de gâteau qu'ils se mettent à manger, puis ils puisent dans les châssis et les volets en chocolat à croquer, dans les portes en sucre d'orge, dans les fenêtres en gelée. Les fleurs et les herbes hautes qui entourent la cabane leur pétillent sur la langue et les branches des arbres sont en pâte d'amande. Autour d'eux, la forêt se dissout. La maison qui semblait stable, solide et habitable s'émiette sous leurs doigts.

Je me suis demandé pourquoi cette image me revenait sans cesse. Je me mis à voir dans ce conte une possible description de notre époque, une allégorie de la crise écologique offrant une variante sucrée et acidulée de cette idée que nous serions en train de scier la branche sur laquelle nous sommes assis. Ou plutôt que, transformés nous-mêmes en petits ogres par des forces ogresses, nous aurions entrepris de grignoter cette branche comme des termites jusqu'à la dernière miette. Oui, notre maison brûlait bel et bien, mais dans des estomacs pyromanes, dans le ventre de cet "ogre" dont les puissances capitalistes coloniales prenaient souvent les traits[1].

Je me suis mise à rêver d'une gigantesque installation consacrant cette rencontre improbable entre Hansel et Gretel et tous les enfants de notre époque. Mieux encore que les hypermarchés, incarnations contemporaines de ce fantasme d'environnements comestibles, je méditai la construction grandeur nature d'une véritable "maison qui se mange", une maison dont on pourrait picorer les meubles, le toit, les murs et que les visiteurs auraient pour mission de consommer petit à petit, dupliquant de manière concrète et métaphorique l'épuisement des ressources en train de se produire.

Cette image de la maison comestible au centre du conte *Hansel et Gretel* imprègne également un autre type d'habitation très différent du mode de vie consumériste. Comme tous les principes actifs ou *pharmaka* qui peuvent être à la fois remèdes et poisons, l'image de la maison comestible est double, elle constitue un nœud où viennent s'entrelacer et croître, en écho à la maxime d'Hölderlin, à la fois le mal mais aussi "ce qui sauve[2]". Les habitats que nous venons d'explorer dans ce livre peuvent être vus eux aussi, en effet, comme "des maisons qui se mangent[I]". D'abord parce que les lieux de vie autonomes font proliférer en quantité et en diversité les espaces comestibles et nourriciers pour les humains. Mais ils densifient également les échanges de nourritures à l'intérieur du monde vivant qu'ils abritent, la circulation d'énergies et de matières entre leurs éléments. Contrairement aux habitats conventionnels dont les structures et réseaux d'approvisionnement sont cachés et en grande partie délocalisés[II], les habitats autonomes dévoilent au grand jour le métabolisme qui leur permet de devenir des espaces nourriciers[III]. Ce ne sont pas des

I. Les dispositifs agroécologiques des forêts-jardins ou forêts comestibles ainsi que le mouvement d'origine anglo-saxonne des Incroyables Comestibles cherchent à rendre à nouveau les villes et villages comestibles via des méthodes de jardinage sauvage et spontané de l'espace urbain. Ils montrent bien comment ce motif de la maison qui se mange infuse les milieux de l'agroécologie et de l'écologie urbaine.

II. Dans les habitats conventionnels, la chaleur, l'électricité, la nourriture, les matériaux de construction et jusqu'à l'information et la culture proviennent d'un système de production et d'approvisionnement mondialisé en grande partie invisible à ses utilisateurs. L'anthropologue de l'habiter Georges-Hubert de Radkowski avait annoncé "la disparition prochaine de l'habitat-centre au profit de l'habitat-*oekoumène*, celui qu'exploite la société industrielle [et qui] tend à se confondre avec la surface du globe terrestre". Voir Georges-Hubert de Radkowski, *Anthropologie de l'habiter. Vers le nomadisme*, Paris, Presses universitaires de France, 2002, p. 123 et 137.

III. Ils redeviennent alors des habitats au sens biologique et écologique du terme, soit des "milieux géographiques propres à la vie d'une espèce". Voir Rey-Debove & Rey, *op. cit.*, 1986, p. 906.

maisons de sucre et de pain d'épices, de matière transformée, morte et fongible. Ce sont des maisons vivantes architecturées autour du monde organique, de ses interconnexions et capacités de renouvellement.

Au sein de cette trame d'interdépendances, nourritures et habitats deviennent difficilement dissociables. Métabolismes habitants et habités s'entremêlent : à l'intérieur des maisons, le poêle est un ventre qui digère la forêt après s'en être nourri. Via le compostage des déchets organiques de la cuisine et des toilettes sèches, les estomacs humains et les terres cultivées partagent, à différents stades de transformation, les mêmes nourritures et nutriments pour alimenter les organismes qui poussent autour d'eux. Les maisons autonomes sont donc aussi des maisons "qui se mangent" au sens réfléchi et pronominal du verbe, dans la mesure où leurs constituants ont cette capacité de se manger entre eux, de subsister les uns à l'appui des autres – ce sont des lieux autonomes sinon "autophages", qui font écosystèmes et s'auto-organisent à partir de leurs propres substances[I].

L'idée de se représenter les habitats autonomes comme des "maisons qui se mangent" devient plus intéressante encore quand on dépasse l'acception strictement métabolique de la nourriture. À Dirlan, Émeline prend en se levant des "repas sensoriels" qui donnent à son habitat tout entier le statut de nourriture "moléculaire[3]" : "On ne nourrit pas que la bouche. Chaque matin je vais me promener dans le jardin. Comme ça tu nourris ton odorat, tes yeux, tes oreilles, le sens du toucher, et après tu vas manger."

Le foisonnement sensible d'un jardin mais aussi la lumière, la personnalité d'une maison, les textes ou la musique peuvent ainsi, comme l'estime notamment Marie au Petit Royaume, "passer dans le sang, dans les veines, être assimilés, digérés". Les habitants autonomes

I. "Autophage", du grec *auto*, "soi-même", et *phagos*, "manger", littéralement "ce qui se mange soi-même".

témoignent alors d'une conception élargie et "psychosomatique" de la nourriture qui n'est pas sans rapport avec la facture de leurs lieux de vie. Ceux-ci ont en effet pour caractéristique de démultiplier les nourritures alimentaires mais aussi les nourritures offertes aux sens, le réservoir sensoriel creusant dans le même temps le réservoir d'images et d'histoires associées aux lieux.

Relocalisée et replacée au centre du quotidien, la vie métabolique de l'habitat n'est plus alors une simple affaire de transformations physiques, de fonctions et de besoins vitaux. Elle redonne aussi une lisibilité et une épaisseur sensibles à des lieux dont elle renoue les trames écologiques, les tissus sensoriels et les réseaux sémiotiques. Le métabolisme de l'habitat entraîne alors comme nous l'avons vu la création d'images, de relations au monde et de types de faire qui entremêlent sens et sensible, humain et non humain. D'ordinaire conçu, construit et nourri comme un contenant opaque par des processus industriels, l'habitat redevient tout à coup un grand corps, et chacun de ses éléments une nourriture "assimilable", capable de circuler du plan de la matière à celui des significations.

Le mode de vie autonome a donc ceci de particulier qu'il rend à nouveau l'habitat productif en nourritures pour les différents "ventres" qui se cachent dans notre organisme et dans lesquels, comme les ruminants avec leur estomac à quatre poches, nous digérons et distillons la matière de nos échanges avec le monde : ventre alimentaire, ventre sensoriel, ventres cognitif et imaginaire. Le monde vivant restauré sur le lieu rend ainsi de nouvelles parcelles de l'habitat convertibles en calories, en énergie, mais aussi en un "monde" d'informations, de sensations et d'images. Les habitants autonomes développent alors de leurs lieux de vie une connaissance qui retrouve l'organicité de son sens biblique[I] puisqu'elle est aussi incarnée et éprouvée de manière charnelle dans un entrelacement de corps et de métabolismes.

Comme l'affirmait en 2009 le *Manifeste pour les "produits" de haute nécessité* publié après les émeutes liées à la vie chère en Guadeloupe et Martinique, l'enjeu de la lutte politique pour toute véritable autonomie alimentaire ou "manger-pays" est double : il est autant la nourriture prosaïque du "boire-survivre-manger" qu'une autre nourriture, poétique cette fois-ci, cet "essentiel qui nous manque et donne du sens à l'existence[4]". À l'échelle des lieux de vie autonomes comme à celle de pratiques ancestrales comme le jardin créole, sorte de "jardin total" couvrant tout le champ des besoins humains, "du symbolique au concret[5]", l'écologie fait alors de l'habitat une "maison qui se mange" à la fois littéralement et métaphoriquement.

I. Dans la Bible, le verbe "connaître" est utilisé pour désigner le fait d'avoir une relation sexuelle. Voir Rey-Debove & Rey, *op. cit.*, 1986, p. 368.

Le vernaculaire ou le langage-habitat

Curieusement, ce lien intime entre les lieux de nourriture alimentaire et les lieux de discours, cette idée d'une maison nourricière devenant maison de langage, sont inscrits dans les replis mêmes de la langue française. L'adjectif "vernaculaire", désignant de manière large ce qui est propre à un territoire, y est appliqué de manière privilégiée à deux domaines qu'il contribue de fait à lier étroitement : la langue, via l'expression de "langue vernaculaire", et l'habitat, à travers la notion d'"habitat vernaculaire", architecture traditionnelle, locale et "sans architectes[6]" qui a pendant longtemps été l'un des objets d'étude principaux de la géographie régionale.

Continuant d'alimenter l'idée d'une parenté entre habitat et langage, cette notion de vernaculaire mérite d'être revisitée comme un concept fondateur pour l'écologie. Derrière le vernaculaire se cache en effet l'idée clef de voûte d'une indistinction entre ce que l'on habite et ce qui nous habite, d'une indissociabilité entre les métabolismes de nos habitats et ceux de nos imaginaires. Le vernaculaire cristallise donc l'enseignement des lieux autonomes tel que j'ai essayé de le formuler dans ce livre : grâce à son lien fondateur avec le langage, l'habitat, s'il est relocalisé et réinscrit dans le monde vivant, peut devenir la base d'une matière expressive et d'un imaginaire propres au lieu.

L'exemple des Demoiselles ariégeoises et de leur langue de signes inscrite dans la montagne nous l'a déjà montré : les tiers paysages de Gilles Clément, ces espaces indécidés, ces marges "ne représentant ni le pouvoir ni la soumission au pouvoir[7]" deviennent aussi lorsque l'on y vit des "tiers langages", des territoires doublement *médium* qui servent à la fois d'environnements et de dispositifs signifiants. Au-delà des savoir-faire et techniques de l'autonomie réinvestis par les habitants, ce qui se retisse de plus important encore dans leurs grands métiers à tisser est ce cordon ombilical rompu entre monde vivant et langage, entre la richesse sensible et nourricière de ce qui nous entoure et nos imaginaires individuels et collectifs.

Depuis les années 2010, un certain nombre de courants écopolitiques comme ceux de la permaculture, des "initiatives de transition" ou de la collapsologie ont mis en avant des méthodologies de l'action politique et citoyenne articulées autour du triptyque corporel de la tête, du cœur et des mains[8]. Permettant d'incorporer la nourriture et de produire paroles ou chants, la bouche – creuset où vient se nouer le contact charnel entre le langage *(logos)* et l'habitat nourricier *(oikos)* – apparaît comme l'organe "éco-logique" par excellence. Oubliée parmi les images corporelles utilisées pour métaphoriser l'action en écologie politique, c'est pourtant autour d'elle que s'articule le vernaculaire comme système langage/habitat.

De manière intéressante, ce concept de vernaculaire et la relecture de la bouche comme organe d'où ressortent les nourritures métamorphosées de l'habitat permettent de revisiter sous un jour nouveau le lien établi par Henry David Thoreau entre la vie autonome et la poésie. Thoreau émet l'idée que, tout comme chez les oiseaux qui chantent sur leurs territoires[9], la "faculté poétique" pourrait se développer universellement "si les hommes construisaient de leurs propres mains leur maison et produisaient honnêtement de la nourriture pour eux-mêmes et les leurs". On peut entendre cependant derrière cette hypothèse la ritournelle cachée de la maison qui se mange, d'une maison qui "pousse" en une variété d'aliments sensibles, assimilés puis remis en circulation dans le lieu sous la forme de chants nourriciers.

Pour être compris dans toutes ses ramifications, le vernaculaire comme dispositif "alimentaire" commun entre le langage et l'habitat demande néanmoins d'aller au-delà d'une acception du langage comme "langue" articulée et système strictement verbal. J'ai tenté de montrer comment l'autonomie nourrit une conception du corps et de la subjectivité élargis aux dimensions de l'habitat tout entier[10]. J'ai décrit aussi la manière dont le langage poétique autonome se développe à l'échelle même des lieux de vie, épousant les potentialités signifiantes de leurs matières et de leurs mondes vivants. Revisitées comme connaissance du métabolisme de vie et de ses mondes expressifs, les cultures vernaculaires étirent et étendent au-delà de la bouche le domaine du langage, le resituent dans le corps tout entier de l'habitant et dans celui de son habitat-médium. Elles le redéploient plutôt comme un réseau d'attaches à l'environnement nourricier par lequel transitent sensations, signes et images. Le vernaculaire refait alors du langage et de la culture, avec l'aide du métier à tisser autonome, une affaire de tissus cachés entre nous et le monde.

Dans ce livre, j'ai essayé de montrer combien l'imaginaire et la culture peuvent, comme des plantes, pousser au travers de nos modes de vie. Comment ils peuvent se remettre à grandir et à crever leurs enveloppes quand on les met en terre, quand on leur donne de l'eau, de l'air, et tout un monde vivant grouillant dans lequel étendre leurs racines. Ce ne sont plus alors des herbes qui pointent dans les craquelures de la grande ville, de petites pousses indisciplinées qui, comme chez Certeau, s'insinuent dans les brèches de la société de consommation[11]. C'est un visage qui enfle à travers le mur, une cuillère poignée de porte, une poule-tracteur, des espaliers de pantalons et des arbres à chemises que l'on peut, comme les Demoiselles, enfiler pour disparaître dans la forêt. Ce sont de petites silhouettes qui gardent les lieux et qui, à la fois signes et sceaux, les rendent irremplaçables. Restitués sous ces nouveaux visages, ils marquent la façon dont nos choix de vie peuvent s'emparer de nous, y enfoncer leurs griffes, nous retourner de l'intérieur.

Lors de mes échanges avec les habitants autonomes au sujet de leurs modes de vie, l'une d'entre eux, Sylvie, avait eu cette réflexion révélatrice : "Ma culture, c'est ma forêt." Dans son livre consacré à la guerre des Demoiselles, l'historien Peter Sahlins rappelle que le mot "forêt" vient du latin *forestare* désignant tout ce qui vient de l'extérieur, de l'inconnu, de l'autre[12]. Si l'on prend la forêt dans son sens courant de milieu forestier mais aussi dans son sens étymologique, on peut voir dans la phrase "Ma culture, c'est ma forêt" une bonne définition du vernaculaire comme culture formée au contact de l'habitat, y compris dans tout ce que celui-ci peut avoir d'extérieur, mystérieux et autre qu'humain.

Peu à peu, nous voyons émerger une conception spécifique de la culture comme cristallisation dans la durée de nos échanges de signes avec le monde vivant. Elle procède alors d'une connaissance intime du lieu de vie, d'une compréhension de son métabolisme et de toutes les nourritures – matérielles et sémiotiques, intérieures et extérieures – qu'il peut nous apporter. Partis d'un habitat entendu au sens large comme territoire d'où l'on tire ses nourritures, nous avons vu que celui-ci pouvait, aux points de rencontre de l'humain et du non-humain, porter et faire se cristalliser un langage, compris non comme système verbal mais comme tissu de signes. Le poétique devient alors ce mouvement d'implantation sensible par lequel la culture et l'imaginaire se renouvellent à partir de l'habitat et de son langage. Il est ce métabolisme invisible par lequel ce que l'on habite et ce qui nous habite circulent et s'incrustent l'un dans l'autre.

La reconfiguration du poétique que ce livre vise à effectuer a donc des conséquences politiques et sociales centrales. Elle révèle celui-ci comme le cœur battant non seulement de la poésie, de l'art ou de l'artisanat, mais aussi de cette culture populaire et vivante qui nous tient ensemble autour de ce que nous avons de plus précieux, et nous préserve du pire. Loin de tout angélisme, la volonté qui porte ce livre de prendre au sérieux et à bras-le-corps le phénomène poétique dans toute son extension cible ces points-racines du quotidien où se nouent à la fois le plus intime et le plus grave, le moléculaire et le tentaculaire, le plus individuel et le plus collectif.

L'idée d'une culture qui pousse à partir de nos façons de manger, de boire, de nous laver nous paraît étrange aujourd'hui, tant nous avons associé ce vocable aux cinémas, aux théâtres, aux musées, et à des mondes de l'art produits à l'abri de nos regards. Dans nos milieux urbains où triomphent les objets standardisés et les lieux sans mémoire, la notion même de culture "vernaculaire" – qui veut que le chez-soi puisse être porteur de mondes – n'est guère plus qu'un fantasme. Mais la forêt de Sylvie, l'île de Sergio, les galeries troglodytiques de Treffonde ou la montagne de Londine lui redonnent de la substance. Dans leurs épais tissus, la culture, ce réseau de sens que Clifford Geertz compare à une "toile d'araignée[13]", trouve de multiples prises et développe son étoffe.

Jusqu'à il n'y a pas si longtemps encore, l'être humain, comme le trichoptère[I], s'engonçait au fil de son existence dans un fourreau mobile construit à partir de ce qui l'environnait. Le poétique, cœur vivant de la culture, tourne autour de l'assemblage souterrain et quotidien de cette cuirasse d'or. Dans ce livre, j'ai voulu montrer comment, sous l'effet de certains modes de vie, la fabrique de cette seconde peau entre nous et nos milieux se remet lentement en place.

Alors que les politiques sanitaires accompagnant la pandémie de covid-19 ont opposé de manière brutale les secteurs alimentaire et culturel de nos sociétés, en proclamant le caractère essentiel du premier et non essentiel du second[II], cette réimbrication dans les habitats autonomes des "nécessités immédiates du boire-survivre-manger" avec "l'essentiel qui nous manque et donne du sens à l'existence[14]" montre toute son importance. L'autonomie donne en effet à voir une vie culturelle retissée dans les milieux naturels et les métiers de vivre. Rompant avec les débats opposant les nourritures du corps aux nourritures de l'esprit, les habitants autonomes affirment au contraire, via cet imaginaire qui leur "pousse à travers le corps", la résilience conjointe et les sorts entremêlés des infrastructures prosaïques et poétiques.

Cette résurrection du vernaculaire qui se produit sur le terrain des habitats autonomes demande alors d'examiner à nouveaux frais le périmètre et la valeur de ce que l'on appelle aujourd'hui les cultures autochtones. Comme le souligne le dernier rapport de l'IPBES, le "Giec de la biodiversité", un rôle crucial sera joué dans la lutte pour le maintien de l'habitabilité de la planète par les peuples autochtones[15]. Ceux-ci peuvent être

---

I. Voir p. 174.

II. Ironiques, généreuses ou désespérées, un certain nombre d'initiatives d'hybridations entre les secteurs culturels et alimentaires telles que des librairies-épiceries ou des concerts dans les hypermarchés ont d'ailleurs fleuri pendant le premier et le second confinement liés à la pandémie de covid-19.

définis comme des peuples dont l'économie, l'imaginaire et les savoirs sont si étroitement liés à l'écosystème local que le soin de celui-ci constitue une partie intégrante de leur vie culturelle. Selon l'IPBES, les pratiques autochtones contribuent ainsi positivement "à la biodiversité sauvage et domestiquée en « accompagnant » les processus naturels grâce au patrimoine anthropique (connaissances, pratiques et technologies[16])". En plus de proposer des conceptions alternatives des relations entre l'homme et la nature, les modes de vie autochtones ont donc pour particularité de créer, restaurer ou préserver, dans le mouvement même de leur vie culturelle, une grande diversité d'habitats riches en espèces, de cultures nourricières et d'écosystèmes résilients[17].

Malgré leur prétendue valeur de référence et l'honneur d'être présentés régulièrement comme des "gardiens du vivant", l'IPBES en montre bizarrement dans son rapport une compréhension très restreinte. Les différenciant systématiquement des communautés locales, elle les distingue aussi des sociétés occidentales, se cantonnant à un sens descriptif de la société autochtone sans lui donner le statut d'un modèle de société à part entière, adopté pendant longtemps par l'essentiel des peuples de la planète et susceptible de l'être à nouveau.

Cette vision relativement figée et étriquée du phénomène peut surprendre. Jusqu'à la révolution thermo-industrielle, les populations occidentales rurales étroitement dépendantes pour leur culture et leur économie de leurs ressources et écosystèmes locaux pouvaient être décrites en effet comme des sociétés autochtones. Nous avons vu également que de nouvelles cultures vernaculaires bien vivantes resurgissent dans les habitats autonomes sur les décombres des sociétés traditionnelles occidentales. Portant la marque des peuples autochtones, elles partagent avec eux le fait d'être réenchevêtrées étroitement, dans leurs économies, métabolismes, ontologies et savoirs, avec le monde vivant.

Il est donc grand temps de politiser en la réouvrant la position des peuples dits "autochtones". Il est l'heure que ceux-ci ne soient plus, au pire des objets d'étude, au mieux des alliés extérieurs aux gestionnaires de la planète. Distinguer – comme le fait l'IPBES – les décideurs, scientifiques, ONG, groupes de citoyens des autochtones que l'on célèbre comme des gardiens du vivant ne revient-il pas en effet à externaliser la responsabilité des chantiers à venir à ceux-là mêmes qui souffrent déjà tant des effets de nos modes de vie ? Pourquoi, plutôt que de les inclure dans le domaine de la nature à préserver, l'IPBES n'œuvre-t-elle pas pour une reconnaissance et une réhabilitation pleine et entière du modèle autochtone et de la relation au vivant qu'il porte, afin qu'une majorité des habitants de la planète, y compris nous Occidentaux, puissent à nouveau se projeter comme tels ?

Les expérimentations autonomes sont pour l'instant restées à l'écart d'un mouvement écopolitique plus porté sur l'étude des peuples autochtones amérindiens ou orientaux. Elles mériteraient pourtant de susciter un intérêt plus grand, de par cette capacité qu'elles ont à réveiller autour d'elles une "surnaturalité animée", soit cette part de notre vie imaginaire tramée dans le vivant. Non exempts d'emprunts et de références à une diversité de cultures autochtones lointaines, les lieux de vie autonomes démontrent une fertilité culturelle propre, en lien avec leur métabolisme inscrit dans le monde vivant ainsi qu'avec l'histoire et la mémoire des lieux. Derrière ce que certains dénoncent comme un "bric-à-brac" new age se profile plutôt l'existence d'une production culturelle singulière et vernaculaire, sans laquelle les citations et circulations observées ne trouveraient pas de socle auquel s'arrimer. Déconstruisant la conception caricaturale d'un vernaculaire exclusivement exotique et "bon sauvage", les habitants autonomes nous montrent que nous n'avons pas à nous exclure des communautés autochtones ni de la vision qu'elles portent – refaire de nos écosystèmes locaux la base de nos moyens de subsistance. Même si nous en avons été dépossédés, cette histoire est aussi la nôtre.

Retrouver la mémoire : cultures vernaculaires et enjeux décoloniaux

Fils d'un guérisseur chaoui assassiné pendant la guerre d'Algérie, mon père a émigré en France et a travaillé toute sa vie comme laveur de carreaux. Sapant les liens ancestraux qui unissaient les Algériens à leur territoire et les uns avec les autres, détricotant le tissu des liens entre culture, langage et habitat, la colonisation française avait fait d'eux des "fils de personne" et de nulle part[18]. Fils de personne, mon père est devenu "père" de personne, mobile, insaisissable, fuyant, partout dans la ville sur sa mobylette, nulle part avec nous. Il était un signe, signe furtif dans l'environnement urbain, un signe qui ne parlait pas mais se contentait lorsqu'on le croisait de saluer brièvement de la main. Habituée à travers la ville à voir mon père surgir potentiellement partout et à tout moment, rompue inconsciemment à le chercher du regard, j'ai grandi dans la poursuite de ces signes. Ironiquement, le trauma colonial et ses symptômes occasionnaient la résurrection même de ces environnements traversés de signes qui avaient été détruits.

J'ai mis longtemps avant de pouvoir formuler ce récit. C'est par l'écologie que j'ai retrouvé le fil enfoui de mon histoire coloniale. Je l'ai retrouvé d'abord dans la forêt scintillante des Demoiselles ariégeoises qui, sous une forme travestie, me renvoyait les échos d'une double histoire : celle de mon grand-père algérien, guérisseur fin connaisseur du langage des plantes et d'une forêt qui avait servi de repaire aux Berbères dans leurs luttes séculaires pour l'autonomie[I]. Mais aussi celle de mes

I. Je ne suis pas la seule à avoir assimilé plus ou moins consciemment à l'Ariège le territoire des Aurès d'où mon père est originaire.

ancêtres maternels, paysans originaires des forêts de la Sarthe et dont le nom, "Breteau", s'inscrivait dans la lignée des tenants de l'usage libre des milieux forestiers par sa référence au "bret", ce petit instrument utilisé par les braconniers pour attraper les oiseaux. Ce qui réemergeait donc, à travers la boue et le brut des forêts de l'Ariège, c'était aussi l'histoire de deux mondes colonisés et dépossédés, chacun à sa manière, de part et d'autre de la Méditerranée : l'un de paysans français privés de leurs moyens d'existence et contraints à l'exode par le projet d'un État-nation industrialiste et centralisateur ; l'autre de paysans berbères asservis depuis l'extérieur par une France constituée en empire.

Les habitats autonomes m'ont permis de retrouver à ma façon le fil de cette histoire coloniale. Leurs "manger-pays[19]", "cultures-forêts" et nouveaux autochtones sont venus nourrir ce regard avide de signes que mon histoire pleine de "blancs" avait développé[20], ce regard sur le territoire hanté par une recherche et un effacement qui a trouvé soudain dans les lieux autonomes de quoi se réalimenter.

L'une des chansons les plus célèbres du répertoire kabyle contemporain, *A Vava Inouva*[I], le dit bien entre les lignes, en convoquant un univers qui n'est pas sans évoquer celui d'*Hansel et Gretel* : un ogre rôde dans la forêt, il la dévore mais les Algériens ont été jetés au-dehors de leurs maisons où sont rassemblés chansons, nourritures et foyers protecteurs. La porte leur est fermée, leurs

---

En 1960-1961, lors des grandes offensives menées dans le cadre du plan Challe contre les maquis du FLN, les autorités militaires françaises avaient donné à l'opération ciblée sur la région des Aurès un nom de code : "Ariège". Voir Renaud de Rochebrune et Benjamin Stora, *La Guerre d'Algérie vue par les Algériens*, tome 2. *De la bataille d'Alger à l'Indépendance*, Paris, Denoël, 2016, p. 181. On peut noter par ailleurs que "l'Ariège" est une anagramme parfaite d'"Algérie".

I. Écrite par le chanteur Idir et le poète Mohamed Ben Hamadouche, la chanson *A Vava Inouva* ("Mon petit père") paraît sur l'album du même nom d'Idir en 1976.

ancêtres sont à l'intérieur et c'est en vain que l'on agite les bracelets : les vieux signes de reconnaissance et les vieilles clefs sont inopérants. *A Vava Inouva* est la chanson de celles et ceux qui, jetés dans la forêt coloniale, errent devant la cabane ancestrale devenue tombeau.

Ce n'est pas pour rien que j'ai chanté cette chanson à l'enterrement de mon père, quelques mois avant de commencer l'étude racontée par ce livre et d'entamer donc le chemin inverse, à la poursuite des balbutiements d'un vernaculaire renaissant, de maisons qui se réouvrent sur leur habitat et dont le corps devient à nouveau comestible et vivant. Sorti d'un estomac creusé par la faim coloniale, ce livre qui braque le projecteur sur de nouveaux lieux où l'on peut à nouveau "assimiler" son environnement, retrouver comment s'en nourrir métaboliquement et symboliquement tente quelque part de se réapproprier en le détournant le syndrome de l'ogre envahisseur qui mange ce qui l'entoure.

L'enjeu que je poursuis ici rassemble donc écologie et histoire coloniale autour des liens et circulations qui unissent plusieurs types de cultures vernaculaires : passées et présentes, métropolitaines et coloniales. Une seconde force du concept de vernaculaire est selon moi sa capacité à réinscrire les lieux de vie autonomes, souvent taxés de minorités marginales, isolées et stériles du point de vue politique, dans la filiation et la profondeur historique des cultures vernaculaires et de leur colonisation. Qu'elles soient algériennes ou ariégeoises, qu'elles soient à l'intérieur ou à l'extérieur de nos frontières, les cultures vernaculaires ont en effet pendant longtemps eu pour point commun d'être les expressions d'un rapport collectif à une écologie et à un territoire. Violente et sans fard dans le cas de la colonisation extérieure, leur éradication s'est faite de manière plus cryptée et rampante mais non moins réelle à l'endroit des cultures vernaculaires locales.

À rebours de l'idée bien ancrée que celles-ci, victimes de la marche irréversible du "progrès capitaliste", auraient été abandonnées sans regret par les populations rurales, leur disparition a été au contraire en bien des endroits le produit d'un arsenal de politiques foncières, industrielles et productivistes comme le Code forestier en France ou la suppression des *enclosures* en Grande-Bretagne. Coloniales par excellence, ces politiques ont concouru à "occuper" le territoire intérieur, à écraser les résistances et à extraire ses richesses en main-d'œuvre et en ressources sous couvert d'un récit "évangélisateur" moderniste[21].

Ce n'est pas pour rien par exemple que sous la IIIe République, un ministère de l'Agriculture est créé par Gambetta sur le modèle du ministère des Colonies pour en faire non pas un outil de développement et de soutien territorial mais bien un dispositif centralisateur, véritable "ministère de l'Intérieur des ruraux[22]". Comme le rappelle Renaud Duterme dans son *Petit manuel pour une géographie de combat*, les grands centres du capitalisme mondialisé se sont construits à l'intérieur d'un tissu de territoires périphériques délaissés ou asservis à des logiques de concurrence délétères, aliénés dans leur autosuffisance, pillés dans leurs richesses[23]. Pour le sociologue américain William Catton, le développement des sociétés industrielles s'est d'ailleurs érigé grâce à l'annexion d'"hectares fantômes". Catton reprend ce concept au biologiste suédois Georg Borgström pour désigner toutes ces terres retirées aux populations locales et "désencastrées" de leurs territoires pour alimenter la croissance économique des puissances coloniales et de leurs économies-mondes[24]. Dans *Il principio territoriale*, le théoricien des biorégions Alberto Magnaghi inscrit également la métropolisation des sociétés thermo-industrielles dans la droite ligne de l'appropriation privée des *commons*, d'une main-d'œuvre rurale déplacée de force et de l'apparition de mégacités et conurbations drainant les dernières forces vives des campagnes au sein de gigantesques bidonvilles[25].

On peut donc défendre l'hypothèse que c'est de manière largement artificielle et "par défaut" – soit en tuant à petit feu toute autre possibilité de vies et d'options alternatives – que le capitalisme a construit le mythe de l'adhésion à son récit, et colonisé les territoires locaux sous couvert de les "aménager". Comme les cas de la colonisation algérienne ou ariégeoise le montrent particulièrement bien, le lien entre langages et habitats a souvent été la cible privilégiée de ces entreprises colonisatrices : pour occuper le territoire, il fallait rompre ce cordon ombilical, désémantiser et nettoyer les habitats de leurs signes tout en déterritorialisant les corps, les psychés et les cultures[26]. Ironiquement, cette entreprise nous montre aussi le point faible du capitalisme colonial, le "nœud" vernaculaire avec lequel il ne peut pas composer et qu'il faut reconstituer si l'on veut le dénoncer et le combattre[27].

Déclarer en effet, comme le fait Sylvie à Cantoyourte, "Ma culture, c'est ma forêt", c'est construire un corps politique humain et non humain, à la fois *alien* et inaliénable – puisque irremplaçable. C'est relire la mainmise étatique et industrielle sur les communs forestiers non plus seulement comme un acte économique ou extractiviste mais comme un véritable acte colonisateur de destruction humaine et culturelle. Déclarer "Ma culture, c'est ma forêt", c'est rendre éclatantes les contradictions d'un État qui prétend aujourd'hui mener, via des ministères et des campagnes de communication sophistiquées, des politiques culturelles et environnementales tout en combattant comme à la ZAD de Notre-Dame-des-Landes les formes de "cultures environnementales" existantes dans sa population.

En tant que terrains de résurrection du cordon vernaculaire entre langage et habitat, les habitats autonomes réacquièrent alors un pouvoir et une capacité de résistance qui les sort de "l'anecdote politique", voire de la caution capitaliste à laquelle certains commentateurs de droite comme de gauche veulent parfois les réduire[28]. Les résurgences du vernaculaire que l'on y observe en font des lieux de mémoire, des lieux "boîtes noires" où, comme chez Sylvie chez qui une ribambelle de clefs est collée sur le seuil de la porte, les codes d'accès de la colonisation intérieure qui a eu lieu en France redeviennent lisibles.

La Boîte Noire : c'est le nom que portait, sur la ZAD de Notre-Dame-des-Landes, la cabane qui m'avait hébergée. À l'instar de ces nombreux lieux qui, sur la ZAD, étaient baptisés en référence à la société "aéroportée", hyper mobile et hors sol qu'ils combattaient, la cabane s'efforçait de se remplir comme construction physique et comme signifiant de substances subverties et métamorphosées. Tombée là en pleine lande telle la boîte noire d'une société crashée, elle se dressait comme témoin et mémoire non seulement de la destruction de l'aéroport mort-né mais aussi et surtout des destructions et traumatismes liés à tous les aéroports et constructions mortifères de la société industrielle.

Son nom plein d'échos révélait aussi cette facette commémorative d'habitats autonomes qui, en réhabilitant des savoirs détruits, exhument aussi immanquablement la douleur, les deuils et les tabous imprimés par leur éradication. Ainsi, la résurrection du vernaculaire dans les habitats autonomes, qui jaillit d'abord comme nous l'avons montré de nouveaux dispositifs pour "vivre au temps des catastrophes[29]", ne s'érige en aucun cas sur les vieilles rengaines du "c'était mieux avant". Si elle oriente le projecteur vers le passé et emprunte une dimension mémorielle, c'est d'abord parce que ses efforts de reconstruction exhument, comme un chantier butant sur des ruines, le traumatisme et le gâchis immense de la colonisation industrielle. Ainsi, les cordons ombilicaux langages-habitats sont à la fois des supports de guérison potentielle et les canaux d'une histoire noire.

Ce n'est pas pour rien que la question coloniale s'est avancée dans ma propre vie "voilée" au sens littéral du terme, enveloppée dans les plis d'une lutte écologique faisant du travestissement même un levier de résistance. Face à la violence des enjeux écologiques et décoloniaux, ces mécanismes de refoulement et de détournement sont incontournables : il nous faut donner des masques à ce que l'on n'a pas la force d'affronter en face.

Descendante de paysans colonisés et déracinés, je fais l'hypothèse que nous sommes tous et toutes héritiers des Demoiselles et concernés par ce travestissement. C'est lui et le trauma colonial qui se cache encore derrière qui motivent, en matière d'écologie, une partie des résistances à "croire ce que l'on sait[30]". C'est lui qui explique les difficultés que nous éprouvons encore aujourd'hui à relier la crise écologique et le fait colonial, non pas par ignorance, mais sous les effets crypteurs d'une blessure encore ouverte. C'est aussi, comme on peut le supposer, ce travestissement du trauma qui trouve à s'exprimer chez celles et ceux qui choisissent de voter pour l'extrême droite. C'est lui qui "fait front" dans ce vote, lui et la douleur de ces colonisés de l'intérieur que nous sommes. Plus que tout autre chose, ce vote est sans doute le reflet d'un peuple qui, privé des moyens de faire territoire, construit un fétiche et un fantasme de l'immigré contre lequel il lutte, pour combattre l'étranger qu'il est devenu à son propre sol.

Du sol poétique aux luttes politiques

À l'heure où notre société thermo-industrielle vacille sur ses pieds d'argile, on peut se souvenir que le processus d'"effondrement" désigne aussi, dans la vieille langue agricole, un labourage profond de la terre pour l'enrichir en engrais[31]. Dans ce livre, nous avons exploré une certaine conception du poétique qui en fait, comme l'a écrit Edgar Morin, des "paillettes d'or dans la boue[32]" – de ces paillettes remontées dans le remuement des fondations, mêlées d'une boue où l'on sème des graines ou dont on construit les maisons. Comme nous l'avons vu, le poétique ne se présente pas dans les habitats autonomes comme une élégante folie de mots ni comme un château littéraire. Il ne se réduit pas non plus à l'une de ces maisons aux "formes encore jamais vues" dont parlait Boris Vian[33]. Il apparaît plutôt comme une nouvelle manière de considérer le "sol" et le substrat sur lesquels s'érige l'habitat.

Dans son œuvre maîtresse *L'Invention du quotidien*, Michel de Certeau a exploré une dimension poétique souterraine et dissimulée sous les reliefs du quotidien de la société dite "de consommation[34]". Il y défend l'existence de mille tactiques quotidiennes de créativité et de détournement ordinaires, mille formes de résistances et de braconnages existentiels qui, malgré "l'extension de plus en plus totalitaire" des systèmes de production, apparaissent comme une véritable "poïétique" disséminée à travers eux et persistant dans leurs marges[35]. À la différence de cette poïétique décrite par Certeau qui, prospérant dans les brèches du référentiel consumériste, n'y acquière jamais de lieu propre[36], j'ai tenté de mettre en évidence la formation dans les habitats autonomes d'un "sol" poétique. Porteur d'une double nourriture, ce sol pousse à la fois vers l'intérieur et vers l'extérieur, dans les profondeurs de nous-mêmes et dans l'épaisseur de notre habitat.

Une telle idée du poétique comme "sol" se trouve confortée de manière intéressante par l'histoire, relativement méconnue d'ailleurs, de la relation étymologique entre prose et poésie. Une conception tenace veut que le poétique vienne après la prose. Celle-ci serait alors le "degré zéro" de la langue et la poésie constituerait un rajout, un ornement, un échafaudage risqué et souvent superficiel par rapport à ce degré zéro[37]. Or, du point de vue lexicologique, c'est la prose qui s'est construite après la poésie et en opposition à elle. En latin, le mot *prosa* signifie en effet "discours tourné, orienté droit", c'est-à-dire un type de discours qui ne s'énonce pas en vers, "qui n'est pas poésie". Cette définition suppose donc, puisque la prose se serait construite en rapport à elle, que la poésie, loin d'être un rajout superficiel, aurait au contraire émergé en premier. Dans ses *Étymologies* écrites aux alentours de l'an 630, Isidore de

Séville affirme lui aussi que la poésie a été définie au préalable, avant même l'émergence de la prose : "Chez les Grecs autant que chez les Latins, la poésie est bien plus ancienne que la prose. Dans l'ancien temps tout était composé en vers ; l'intérêt pour la prose n'est apparu que plus tard[38]."

Si l'on accepte, comme je le propose, d'élargir le poétique au-delà du verbe pour en faire une propriété de l'expérience et une catégorie de la perception, on peut alors étendre la portée de cette antériorité historique du poétique et rejeter notamment cette idée qu'il viendrait toujours "après", comme un supplément d'âme ou une sophistication auxquels peu auraient accès. Et si les formes de notre perception elles-mêmes étaient poétiques ? Et si notre vécu sensible fonctionnait lui-même, comme l'avait suggéré le fondateur de l'esthétique, Baumgarten, selon les logiques associatives, métaphoriques et "textiles" du poétique[39] ? Comme l'histoire des mots nous le suggère, revenir au poétique consiste alors à ré-atterrir, à effondrer nos sols, à quitter les autoroutes et les plateformes bien droites du prosaïque pour renouer avec les reliefs accidentés et métamorphiques de cette sensibilité qui nous rend humains.

Lors de la présentation à Leeds en 2015 d'un rapport intermédiaire du Groupe international d'experts pour le climat, alors que la froideur technocratique du langage utilisé masquait la gravité tragique de la situation, un membre du panel qui n'avait pas encore pris la parole est venu à la tribune[40]. Et tandis qu'il commençait à parler, cette soirée qui aurait pu être un naufrage a changé brusquement de cours. Car l'homme qui venait de se lever était bègue. Chaque mot qui sortait de sa bouche tombait et se reprenait plusieurs fois, les syllabes patinaient sur le seuil puis se déversaient soudainement, grosses de nouvelles images. Le *climate ch-ch-ch-ch-ch-ange* devenait le tchoutchou du train de la révolution industrielle. La *c-c-c-c-c-ca-ta-strophe* apparaissait démembrée, coupée en petits morceaux rugueux qui s'égrainaient et s'étiraient dans un suspense douloureux. Alors que le changement climatique nous apparaissait juste avant tout en cartes et en algorithmes, merveilleusement intelligible et indolore, il avait désormais du mal à passer, du mal à "changer" – on voulait qu'il fasse place à un autre mot, qu'il se dissolve et se résolve – mais il restait là. Et tandis que cet homme parlait, tandis que le changement climatique tournait ainsi sur lui-même dans un discours bégayant, le bateau s'est redressé, la catastrophe a été suspendue. Car la situation disait mieux que toute chose combien, malgré les écrans et le vocabulaire stratégique de guerre et de contrôle derrière lesquels il s'abrite, le discours "technocratique" n'est pas fort et se révèle au contraire vulnérable, handicapé – incapable de nous parler. Inversement, la parole que l'on croyait boiteuse, pathologique, malade, la parole qui n'allait pas droit mais revenait constamment sur elle-même comme le fait la poésie, cette parole devenait ce soir-là la parole qui guérit, transporte et, du même coup, "agit".

Depuis plusieurs années, la collapsologie a imposé sa popularité et sa nécessité comme science des effondrements. Il reste encore à baptiser, à l'inverse, une science des processus de germination, de reconstitution, d'émergence. Une science de tous ces balbutiements salvateurs qui, dans la parole ou dans la matière, dans les amphithéâtres ou dans les lieux de vie, montrent notre muscle poétique collectif en train de revenir sur lui-même, étirer sa substance, densifier ses boucles – comme le bègue dont le langage tourne et fait des sauts périlleux, comme le mode de vie autonome qui s'auto-organise, resserre ses tissus et, faisant bégayer tout l'habitat, développe dans les ruines ses nœuds de poésie matérielle. Face à une descente énergétique qui n'est pas un choix, face à un genre de vie relocalisé et rebouclé sur lui-même qui s'impose à nous, ce livre est une tentative pour réfléchir à ce qui peut être gagné en vérité et en beauté dans cet arrêt et ce retour sur nous-mêmes, dans ces nouveaux fragments de vie à l'écoute des bégaiements.

À rebours de forces politiques qui tendent souvent, comme elles l'ont fait immédiatement après Mai 68 par exemple, à marginaliser les luttes sur le cadre de vie et les enjeux esthétiques et culturels d'un changement radical de projet de société[41], ce livre cherche à réaffirmer dans le débat public la puissance politique du "partage du sensible[42]", et en particulier de celui qui s'opère au sein même de nos habitats. Tout autant que nos espaces publics, ceux-ci sont des scènes qui éclairent et invisibilisent, étouffent ou donnent la parole, absolvent ou demandent justice. En tant que tels, et en particulier lorsqu'ils sont aussi réglementés et industrialisés que dans notre société, les habitats sont des infrastructures politiques qui répartissent les pouvoirs.

Loin de la caricature de repli identitaire ou réactionnaire à laquelle leurs détracteurs tentent de les assimiler, les lieux autonomes incarnent, réouverts sur leur territoire et sur leurs mondes vivants autres qu'humains, un universalisme localiste, selon cette compréhension de l'universel comme "le local moins les murs" défendue par l'écrivain Miguel Torgua[43]. Sans proposer de modèle surplombant puisqu'ils affirment le lien consubstantiel entre chacun de nous et le lieu qui lui est propre, les habitats autonomes constituent des lieux de résistance humaine. Parce que ce poétique qui y resurgit a aussi, comme le rappelle le *Manifeste pour les "produits" de haute nécessité*[44], été le premier à mourir face à cette "épuration éthique de tout le fait humain" produite par le libéralisme économique. Parce que le poétique, ce cordon existentiel et sensible au monde vivant qui fonde notre humanité, est ce que l'"ogre" du capitalisme se doit de grignoter partout en premier, là où il veut mettre en place ses dispositifs d'extraction.

Les habitats autonomes sont aussi, malgré leur pragmatisme rétif aux longs discours, des canots de sauvetage de la chose politique ou, plus précisément, de son substrat et des conditions mêmes auxquelles celle-ci peut rester en vie. La lisibilité, la malléabilité et l'intégrité qu'ils redonnent à l'habitat, à son métabolisme et aux moyens de production de la vie ont en effet une force politique dans la capacité qu'ils acquièrent de "donner lieu", c'est-à-dire d'asseoir, au sens large, un nouveau référentiel par rapport auquel l'ensemble de la réalité redevient intelligible. Comme les fameuses "fenêtres de vérité" nous l'ont montré, il n'y a pas que l'imagination qui devient, réancrée dans le métabolisme de l'habitat autonome, puissamment matérielle. C'est bien l'ensemble du jugement cognitif et moral qui se réarticule au corps du lieu. Les lieux autonomes ont alors pour effet de contribuer à recréer et à réincarner la chose politique, c'est-à-dire qu'ils la réinstallent dans un corps qui donne lieu aux formules politiques et redonne pouvoir à tout ce qui s'y trouve. Par le biais de ces nouveaux référentiels, les habitats et les expériences auxquels ils donnent accès recréent alors des socles pour "croire ce que l'on sait[45]". Ils réinstallent ainsi les conditions auxquelles la langue peut retrouver son pouvoir politique et l'information sa "vérité", comme le suggère Guattari pour qui "la vérité de l'information renvoie toujours à un événement existentiel chez ceux qui la reçoivent[46]".

Entre le territoire et les habitants autonomes se tisse le même lien vital et existentiel qu'entre le plateau d'Albion et ses défenseurs auxquels Char en son temps avait prêté sa voix et pour lesquels le site "[valait] mieux que [le] pain, car lui ne [pouvait] être remplacé[47]". L'écologie reconfigure alors le combat politique de manière pragmatique : là où il y avait des "partis", elle crée des lieux, là où il y avait des idées, elle crée des attaches. La lutte pour des métabolismes et pour les cultures sensibles qu'ils rendent ou non possibles remplace la bataille des idéologies. Comme les mobilisations autour des ZAD de Sivens ou de Notre-Dame-des-Landes l'ont montré, c'est le lieu, y compris dans toutes ses composantes non humaines, qui, sur ces scènes politiques renouvelées, fait personnage et tribune. C'est à partir de lui et de son pouvoir d'enchantement restitué que les habitants, sortant de leurs bulles individuelles, réacquièrent une parole politique que l'on vient consulter. C'est à partir de lui que ceux-ci deviennent, pour eux-mêmes et pour l'ensemble de la société, les "partisans" et médiateurs du monde qui s'y donne à voir et des paroles, humaines et non humaines qui y résonnent à nouveau.

Documenter ces habitats et leurs nouvelles cultures vernaculaires, c'est montrer que de nouvelles formes de vie sont capables de resurgir qui restituent à des "alliances" d'agentivités humaines et non humaines leur pouvoir de faire territoire. L'animisme que nous avons mis au jour est donc loin d'être anodin, en ce qu'il donne corps, comme le suggèrent notamment Léna Balaud et Antoine Chopot, à "une entente renouvelée, terrienne, du communisme[48]", portant avec elle un nouveau partage du pouvoir. Avec ce "commun par-delà l'humain", c'est un nouvel "espace antagonique au capitalisme anthropocénique[49]" qui s'ouvre. Défendre politiquement cette entente et ce "communisme réanimé[50]", c'est défendre certes les habitants qui la portent, mais aussi, à travers leur mode de vie et les spécificités de sa *poïesis*, "un agir qui n'est pas le leur[51]". Notre travail participe donc à mettre au jour la levée d'une communauté politique élargie constituée d'êtres humains et non humains, mais aussi de tous les signes par lesquels leur entente se manifeste et se communique.

L'horizon politique de ce livre ne propose pas cependant que l'on se contente de réadapter d'après cette communauté habitante élargie les textes juridiques et les structures politiques actuels. Loin de viser, dans un référentiel inchangé, la seule "sensibilisation" des individus et de leurs mentalités, le combat pour les habitats autonomes et la résurrection de cultures vernaculaires doit s'articuler à un nombre incalculable de chantiers visant à conduire la relocalisation de l'économie, la réappropriation par chaque territoire et biorégion de ses moyens de subsistance et la reconstitution du cordon ombilical langage-habitat.

À l'opposé du capitalisme mondialisé qui privilégie la concentration sociale et spatiale des richesses, la relocalisation opérée à partir de petits territoires autonomes, collaboratifs et low-tech permettra, comme l'avance notamment le géographe Renaud Duterme, de réduire les inégalités entretenues par le système actuel. Elle sera aussi essentielle pour augmenter la résilience de nos métabolismes collectifs et la singularité des organisations sociales et des cultures développées par chaque territoire[52]. Les campagnes repeuplées et les métropoles redimensionnées pourront notamment réparer leurs tissus d'échanges locaux à l'échelle des bassins versants, au sein de biorégions. Dotées d'autogouvernements, celles-ci sont revisitées aujourd'hui comme des formes politiques et territoriales "réparatrices" particulièrement appropriées pour vivre au temps des catastrophes[53].

Cette réorganisation biorégionale demandera notamment de relocaliser la stratégie et l'ingénierie politiques : il s'agira non pas de construire d'emblée un programme politique à l'échelle de l'État-nation pris comme point de départ mais plutôt de prendre les territoires et biorégions autonomes comme blocs de construction à partir desquels les institutions et les organisations politiques appropriées pour assurer leur bon fonctionnement se dégageront. Au vu de l'acharnement avec lequel les pouvoirs publics s'évertuent à détruire ou à désamorcer les initiatives allant dans le sens d'une telle relocalisation, celle-ci nécessitera également de faire vivre et prospérer de nouvelles formes de désobéissance, d'autodéfense et de témoignages – témoignages dont ce livre a l'ambition de faire partie.

Lors de la destruction d'une bonne partie de la ZAD de Notre-Dame-des-Landes en avril 2018, une image est restée marquée dans les mémoires : celle d'une charpente, portée à bout de bras par des dizaines de personnes se relayant, flottant à travers le bocage. Curieuse bête à cent pieds humaine et non humaine, celle-ci naviguait à travers champs au coucher du soleil vers une destination incertaine, à distance respectueuse des CRS ayant pour mandat de la détruire aussitôt qu'elle serait posée. Comme le dit bien cette scène, les lieux de vie autonomes refont de l'habitat une pratique mais aussi une "théorie", dans le sens étymologique du terme : quelque chose que l'on porte en procession, un objet qui, en miroir d'une société qui se rêve aéroport, décolle du sol et s'en détache temporairement pour que l'on puisse interroger en commun ses endroits d'atterrissage physique et symbolique.

Comme l'indiquaient néanmoins la présence et la surveillance constante des CRS lors du défilé, ces actes de refondation sont aussi les lieux de réactivation d'une colonisation qui prospère derrière de nouveaux masques. Quelque part dans la lande, la procession continue de se dérouler. La charpente erre toujours entre les boucliers. Aujourd'hui, les habitants autonomes nous posent la question à tous de savoir ce que nous allons faire, pour que la légèreté ne soit plus une précarité, mais un nouveau mode d'habiter. Pour que la grande maison occidentale ne soit plus la seule option, le seul chemin, le seul horizon. Pour qu'il soit de plus en plus possible, au revers des machines, du béton et du bâti, de vivre *dans* la vie – c'est-à-dire la plus ultime, mobile, et insaisissable des maisons légères.

Métamorphoses

À travers ses enquêtes, Hercule Poirot, le célèbre détective créé par Agatha Christie, traverse les crimes et le chaos sans aucune éraflure. Extralucide, il emmène les lecteurs sur une plateforme insubmersible. Des forces malveillantes se déchaînent alentour : dardant le phare de sa raison toute puissante, Poirot émerge des pires affaires sans qu'aucune atteinte ne soit venue le rendre autre que ce qu'il était. Si une part de mon métier consiste aussi à mener des investigations, je suis loin d'en sortir à ce point indemne et inchangée. Agrippant mes propres toiles dans son métier à tisser, l'enquête menée pour ce livre a également contribué à me transformer.

Quand j'ai commencé à explorer les habitats autonomes, ces lieux étroitement inscrits dans leurs territoires, ma vie, à l'inverse, avait rarement été aussi nomade et flottante. Je louais une chambre au Royaume-Uni. Expatriée, je revenais voyager en France sans port d'attache et je ne savais pas où j'irais ensuite poser ces valises que je dispersais chez les uns et chez les autres. Je m'installai pour le temps de mon enquête dans un Rêvobus, ce camion qui ne m'appartenait pas non plus et dont le nom, flottant entre rêve et réalité, renvoyait les échos d'un autre nomadisme, onirique et détaché du sol.

Soulevant lieu après lieu ces fines dentelles d'attaches qui reliaient chacun à son habitat, j'y ai vu en filigrane se dessiner les miennes. J'y ai vu que j'avais un territoire, plein de grottes et de richesses, un très vieux territoire qui se mange à la croûte épaisse et feuilletée d'imaginaires. J'y ai vu ma Loire tiers paysage, son corps de terre et d'eau, changeant, sauvage, sa jungle alluviale et son lit bouillonnant de voiles et d'apparitions où venaient remuer les ombres de Demoiselles ligériennes. Quelques mois après la fin de mes enquêtes, je suis retournée écrire et vivre dans cette Touraine où j'avais grandi et où j'habite encore aujourd'hui. À mon propre niveau, j'ai pu vérifier le pouvoir transformateur des lieux autonomes. Comme sur leurs habitants, ils ont agi sur moi, et leur corps plein de signes m'a donné le chemin d'un lieu où réatterrir.

Je revois l'une de ces grandes caves creusées dans le coteau en tuffeau de Treffonde. Au fond d'une niche, parmi un tas d'outils, de bouteilles et de bougeoirs couverts de poussière blanche, un œil bleu gigantesque en vitrail s'ouvrait, moucheté de noir. En plus de m'avoir ramenée à un lieu, les habitats autonomes m'ont aussi, je crois, un peu prêté leurs yeux. Avec leurs habits enchevêtrés de paons plein d'œilletons clignotants, ils m'ont appris le regard comme cet exercice de l'appareil sensible déployé autour de soi, flottant et plein de jours comme un filet à papillons. Longtemps après que j'ai eu retrouvé un chez moi, en Touraine, ils m'ont fait voir un jour cette plume à la fenêtre qui, prise dans une toile d'araignée, s'était mise au premier souffle de vent à bouger, marionnette réduite à sa plus simple expression. Quand je me suis cassé la jambe et que, immobilisée pendant des mois, je suis devenue plante, quand je n'ai plus vu de ma table que ma petite courette et le grand corps d'air de la Loire, leurs images précipitées sont retombées au fond de moi, et je me suis mise à écrire sur ma propre toile, sur ce tissu qui me fait vivre. Aujourd'hui, l'étude de ce tissu est devenue mon travail. Et maintenant que je retourne dans les lieux alternatifs pour les prendre comme salles de cours et comme enseignants pour mes étudiants, je peux dire qu'ils m'ont aussi, quelque part, un peu appris mon métier.

À une échelle plus large, cette enquête a également contribué à changer ma carte de France, la couvrant d'une résille de maisons légères et entrouvertes où je voudrais revenir. Ils ont fait de mon pays, non pas une entité abstraite ou un réseau de hauts lieux touristiques mais un territoire semé de portes d'entrée, d'îlots refuges et de radeaux dont je sais, si alentour les sables mouvants dominent, que le sol peut soutenir et faire rebondir. Ces lieux ont aussi changé la carte de mes peurs, de ces peurs du corps un peu ancestrales qui, depuis que cette enquête m'a conduite à les affronter en face, se sont transformées en armures et en carapaces : peur du noir, du froid, de la forêt, des abeilles, des araignées ou des bruits de la nuit.

Curieusement, les lieux autonomes m'ont aussi transformée indirectement. Et si je n'habite toujours pas l'un d'entre eux, c'est en partie parce que ce sont eux qui sont venus petit à petit gagner mon environnement, me touchant de plus en plus près et transformant mes maisons. À la fin de mon enquête, ma mère a acheté dans le Nord de la Touraine une fermette chauffée au bois, au sommet d'une colline, pour y cultiver des légumes et y élever poules et moutons. En contrebas, un maraîcher bio installé en AMAP vit dans une yourte qui trône en plein champ. C'est Antonin, ancien élève des beaux-arts et habitant du Ricochet interrogé pour l'enquête qui est venu aider ma mère à mettre en place les organes – compost, phytoépuration, toilettes sèches, isolation thermique – de sa nouvelle petite maison. Ainsi les habitants autonomes sont-ils venus jusque chez moi essaimer et étirer leurs toiles. Aujourd'hui, sur le terrain, la robe du pin dont le jupon a été grignoté par les moutons lévite au-dessus du sol comme un tutu de ballerine. Dans le potager qui s'ouvre en balcon sur la vallée, les chats s'allongent entre les cultures ou se frottent contre Julienne, l'épouvantail que nous avons confectionné pour parlementer avec les biches de la forêt et qui, vaillante, demeure debout tempête après tempête, en souriant, tournée vers la lisière.

Mystérieusement, les lieux autonomes ont aussi étendu leurs racines plus loin encore, jusque dans mon enfance. Je suis retournée il y a peu chez mes grands-parents, décédés depuis longtemps. Leur maison avait été louée pendant des années à des étudiants qui venaient juste de partir. Nous avons pénétré dans le jardin, mon oncle, ma mère et moi. Et là où nous nous attendions à trouver une friche, une terre à l'abandon, nous avons découvert une jungle luxuriante où poussaient sur un sol paillé et dans un joyeux mélange des plantes que ma mère et moi avons commencé à énumérer lentement : blettes roses, jaunes et orange, persil, épinards, salades, sauge, choux, tomates. Les arbres que j'avais connus petite grimpaient jusqu'au ciel, le bois de bouleaux s'était épaissi, les poiriers en espalier avec leurs bras levés penchaient dangereusement. Mais le potager était encore là, plus vaste qu'autrefois, le verger tenait debout. Près du noyer, on apercevait les traces de ce qui avait été une spirale aromatique. Ainsi, ce jardin auquel j'avais rapporté sans le vouloir tant de lieux visités, dont les ombres étaient venues habiter tant d'autres jardins durant mon enquête, je le retrouvais lui aussi transformé. Comme Émeline devinant sous son lit le sommier de racines formé par l'arbre voisin, je le trouvais ce jour-là tout entier traversé du tissu autonome. Au fur et à mesure, sans que je le sache, mes voyages étaient venus s'écrire à même cette terre. Transmis, en langue de signes, via les fils d'un invisible mycélium, ils étalaient devant moi leurs cartographies mystérieuses. Comme la forêt des Demoiselles, comme les mondes des vies autonomes, ce jardin était devenu le corps vivant de mon imaginaire.

NOTES

1. Pour une étude historique complète de cet épisode, voir Peter Sahlins, *Forest Rites. The War of the Demoiselles in Nineteenth-Century France*, Cambridge, Massachusetts, Harvard University Press, 1994.
2. *Ibid.*, p. XI.
3. Aldo Leopold, *Almanach d'un comté des sables*, Paris, Garnier-Flammarion, 2000, p. 168-170.
4. Gilles Clément, *Manifeste du Tiers paysage*, autoédition, 2004, disponible en ligne sur : http://www.biodiversiteetbati.fr/Files/Other/DocComplGTBPU/F05-ManifesteTiersPaysage-GClement.pdf, p. 23-24.
5. Sur ces effondrements d'écosystèmes en chaîne qui risquent à terme de rendre la planète inhabitable pour l'humanité, voir notamment Timothy M. Lenton *et al.*, "Climate tipping points – too risky to bet against", *Nature*, n° 575, novembre 2019, p. 592-595.
6. Edgar Morin, *Journal de Plozévet : Bretagne, 1965*, La Tour-d'Aigues, Éditions de l'Aube, 2001, cité dans Edgar Morin, "Le philosophe indiscipliné", in "Une vie une œuvre", hors-série, *Le Monde*, juin 2011, p. 44-45.
7. Voir Henry Liddell, Robert Scott et Henry Stuart Jones, *A Greek-English Lexicon*, Oxford, Clarendon Press, 1996, p. 1428.
8. Jeanine Salesse, "Terres en souffrances", in Collectif, *La Poésie est dans la rue. 101 poèmes protestataires pour aujourd'hui*, Pantin, Le Temps des cerises, 2008, p. 217-218 (p. 218).
9. J'emprunte cette expression au commando poétique Les Souffleurs basé à Aubervilliers. Pour le mouvement écocritique, voir notamment l'ouvrage fondateur de Cheryll Glotfelty et Harold Fromm (dir.), *The Ecocriticism Reader: Landmarks in Literary Ecology*, Athens/Londres, University of Georgia Press, 1996.
10. Jacques Nichet, *La Guerre des Demoiselles*, Paris, Adria Films, 1983.
11. Edgar Morin, "Science, poésie, société", *Détours d'écriture*, n° 5/6, janvier 1983.
12. Jean Cocteau, *La Belle et la Bête*, Paris, Les Films André Paulvé, 1946.

1RE PARTIE – PREMIERS PAS DANS LES LIEUX DE VIE AUTONOMES

CHAPITRE 1 – L'HABITATION POÉTIQUE DU MONDE (PAGES 28 À 35)

1. Liddell, Scott et Jones, *op. cit.*, 1996, p. 1428.
2. *Ibid.*
3. Félix Gaffiot (dir.), *Le Grand Gaffiot. Dictionnaire latin-français*, Paris, Hachette, 2000, p. 1209.
4. Voir notamment Martin Heidegger, *Essais et conférences*, Paris, Gallimard, 1958, p. 16-17, Humberto Maturana et Francisco Varela, *Autopoiesis and Cognition. The Realization of the Living*, Dordrecht/ Boston, D. Reidel, 1980 et Edgar Morin, *La Méthode*, 1. *La nature de la nature*, Paris, Seuil, 1977, p. 223 : "les étoiles et les êtres vivants sont des êtres poïétiques (...). La génération d'un être par un autre être est la forme biologique accomplie de la *poïesis*".
5. Voir notamment Roland Barthes, *Le Degré zéro de l'écriture*, Paris, Seuil, 1972, p. 11.
6. Heidegger, *op. cit.*, 1958, p. 224.
7. Jean-Christophe Bailly, *L'Élargissement du poème*, Paris, Christian Bourgois, 2015, p. 54.
8. Boris Vian, "Si les poètes étaient moins bêtes", in *Je voudrais pas crever*, Paris, Jean-Jacques Pauvert, 1962, p. 54-57.
9. Henry David Thoreau, *Walden or Life in the Woods*, Londres / New York / Toronto, Oxford University Press, 1960, p. 39.
10. Jacques Prévert, "Pour faire le portrait d'un oiseau", in *Paroles*, Paris, Gallimard, 1945, p. 184-185.
11. Pour plus d'informations sur le travail de Christian Hanser et sur la Rêv'othèque, voir le site de l'association : http://revotheque.fr.

CHAPITRE 2 – UN NOUVEAU RÉSEAU DE DÉPENDANCES (PAGES 36 À 46)

1. Colette Duflot, "Handicaps, inadaptations sociales : de l'isolement à l'autonomie, quels dispositifs institutionnels ?", in Armand Touati (dir.), *Autonomie : construction et limites*, Marseille, Hommes et perspectives, 1991, p. 67-77, citée par Delphine Chauffaut et Élodie David, *La Notion d'autonomie dans le travail social*, Cahier de recherche n° 186, Paris, Crédoc, 2003, p. 17.

2. “Ceci n’est pas un poème ce sont les îles / qui inventent la mer”, vers tiré du poème “Graffiti”, lui-même extrait du recueil *Si on veut libérer les vivants, il faut savoir aussi libérer les morts*. Voir Serge Pey, *Poésie publique, poésie clandestine – poèmes 1975-2005*, Bègles, Le Castor Astral, 2006.

3. Nicole Mathieu *et al.*, “Habiter le dedans et le dehors : la maison ou l’Éden rêvé et recréé”, *Strates*, n° 11, 2004, p. 1.

4. Voir Geneviève Pruvost, “L’alternative écologique. Vivre et travailler autrement”, *Terrain*, n° 60, 2013, p. 36-55 (p. 38).

5. Voir Bertrand Hervieu et Danièle Léger, *Le Retour à la nature. “Au fond de la forêt… l’État”*, Paris, Seuil, 1979, p. 13-34.

6. Voir Pruvost, *op. cit.*, 2013, p. 39.

7. Hervieu & Léger, *op. cit.*, 1979, p. 48.

8. Pruvost, *op. cit.*, 2013, p. 47.

9. Rob Hopkins, *The Power of Just Doing Stuff. How Local Action Can Change the World*, Cambridge, Green Books, 2013.

CHAPITRE 3 – L’HABITAT AUTONOME, UN MÉTIER A TISSER (PAGES 48 À 56)

1. Voir p. 37.

2. Voir le site *zad.nadir.org* et notamment https://zad.nadir.org/spip.php?article6805. Nos italiques.

3. Rob Hopkins, *Manuel de transition. De la dépendance au pétrole à la résilience locale*, Montréal, Écosociété, 2010, p. 66.

4. Jean Giono, *Que ma joie demeure*, Paris, Bernard Grasset, 1935, p. 421-422.

5. Fritjof Capra, *La Toile de la vie. Une nouvelle interprétation scientifique des systèmes vivants*, Monaco, Éditions du Rocher, 2003.

6. Erwin Schrödinger, *Qu’est-ce que la vie ? De la physique à la biologie*, Paris, Seuil, 1993, p. 36.

7. “Le texte, ce qui est écrit, suggère, plus que la parole, l’entrelacs d’un tissu (étymologiquement, « texte » veut dire « tissu »)” : voir Jacques Derrida, *La Dissémination*, Paris, Seuil, 1972, p. 203 ainsi que Roland Barthes, *Le Plaisir du texte*, Paris, Seuil, 1973, p. 100-101.

8. Roman Jakobson, *Essais de linguistique générale* 1. *Les fondations du langage*, Paris, Éditions de Minuit, 1963, p. 241.

9. David Abram, *Comment la terre s’est tue. Pour une écologie des sens*, Paris, La Découverte, 2013, p. 40-41.

10. *Ibid.*

11. Gaston Bachelard, *La Poétique de l'espace*, Paris, Presses universitaires de France, 1957, p. 1 et 3.

2E PARTIE – LA FABRIQUE DES IMAGES

CHAPITRE 4 – TISSER LA JUNGLE (PAGES 58 À 67)

1. Michel Serres, "Préface", in Jean-Marc Drouin, *Réinventer la nature. L'écologie et son histoire*, Paris, Desclée de Brouwer, 1991, p. 9-17 (p. 15).

2. Bachelard, *op. cit.*, 1957, p. 24.

3. Michel Deguy, *Écologiques*, Paris, Hermann, 2012, p. 54.

CHAPITRE 5 – DES NŒUDS ET DES BOUCLES QUI BRILLENT (PAGES 68 À 77)

1. Yves Bonnefoy, "Une pierre" in *Les Planches courbes*, Gallimard, Paris, 2001, p. 14.

CHAPITRE 6 – DES MAISONS TISSÉES DANS LEURS MILIEUX (PAGES 78 À 84)

1. Agatha Christie, *Une autobiographie*, Paris, Éditions du Masque, 2006, p. 104.

2. Sur la conception de la maison moderne comme "boîte", voir Bachelard, *op. cit.*, 1957, p. 24.

CHAPITRE 7 – L'ENCHEVÊTREMENT DES USAGES (PAGES 86 À 92)

1. "Lettre du 16 mai 2018", *page Facebook de Nantes Révoltée*, consultée le 16 mai 2018.

2. "Ce dimanche 22 avril, à 14h, le Taslu appelle les troupes de l'imaginaire à se mobiliser", *NADIR, site internet de la ZAD de Notre-Dame-des-Landes*, mercredi 18 avril 2018.

3. *Ibid.*

3[E] PARTIE – LA FABRIQUE DE LA RELATION : DES LIEUX DE VIE QUI TRANSFORMENT

CHAPITRE 8 – LE TISSU APPELLE LE TISSU (PAGES 94 À 107)

1. Eduardo Kohn, *Comment pensent les forêts*, Bruxelles, Zones Sensibles, 2017, p. 45 et 50.
2. Jakob von Uexküll, *Mondes animaux et monde humain* suivi de *Théorie de la signification*, Paris, Denoël, 1965, p. 29-30.
3. Thoreau, *op. cit.*, 1960, p. 48, nos italiques.
4. Alfred Gell, *L'Art et ses agents, une théorie anthropologique*, Dijon, Les Presses du Réel, 2009, p. 100.
5. *Ibid.*, p. 92.
6. *Ibid.*, p. 100.
7. *Ibid.*
8. Abram, *op. cit.*, 2013, p. 40-41.
9. Bachelard, *op. cit.*, 1957, p. 24.
10. Voir Jean-Claude Pinson, *Habiter en poète*, Seyssel, Champ Vallon, 1995 et Jean-Philippe Gagnon, *Le Sujet du dehors : paysages sémantiques, corps de la nature et physique de la parole chez Jacques Dupin et John Montague*, thèse de doctorat, université Nice Sophia Antipolis / université du Québec à Montréal, 2015.
11. Jean Tardieu, "Suite mineure", in *Le Fleuve caché. Poésies 1938-1961*, Paris, Gallimard, 1968, p. 51.
12. Voir p. 13.
13. Voir note ll p. 99.

CHAPITRE 9 – UNE NATURE QUI FAIT SIGNE (PAGES 108 À 123)

1. Josette Rey-Debove et Alain Rey (dir.), *Dictionnaire Le Petit Robert*, Paris, Le Robert, 1986, p. 1814.
2. Deguy, *op. cit.*, 2012, p. 54.
3. Stéphane Mallarmé, "Le vierge, le vivace et le bel aujourd'hui", *Poésies*, Paris, Flammarion, 1983, p. 308.
4. Uexküll, *op. cit.*, 1965, p. 29-30.
5. Philippe Descola, "Préface", in Kohn, *op. cit.*, 2017, p. 14.

6. Michel Collot, "De la géopoétique", in Augustin Berque, Alexia de Biase et Philippe Bonnin (dir.), *L'Habiter dans sa poétique première. Actes du colloque de Cerisy-la-Salle*, Paris, Donner Lieu, 2008, p. 312.
7. Bien que Gilles n'en ait pas connaissance, cette pratique réactive à sa manière les itinéraires et cartes chantés des Aborigènes d'Australie décrits par Bruce Chatwin dans son ouvrage *Le Chant des pistes*. Voir Bruce Chatwin, *Le Chant des pistes*, Paris, Grasset, 1988.
8. Frédéric Vidal, *J'ai choisi le point de vue de la poésie* in *Incertitudes*, long-métrage documentaire de 2 h 30 mn, produit par Aime le mot dit / La Parole Errante / Alhambra Cinémarseille, 2002.

CHAPITRE 10 – CORPS ÉLARGIS ET DÉCLOISONNEMENT CHEZ LES HABITANTS (PAGES 124 À 136)

1. Giono, *op. cit.*, 1935, p. 421-422.
2. *Ibid.*, p. 27.
3. Stig Dagerman, *Notre besoin de consolation est impossible à rassasier*, Arles, Actes Sud, 1981, p. 20-21. Nos italiques.
4. Mary Douglas, *De la souillure. Essai sur les notions de pollution et de tabou*, Paris, Maspero, 1971.
5. Félix Guattari, *Les Trois Écologies*, Paris, Galilée, 1989, p. 24.
6. Voir aussi p. 116.

CHAPITRE 11 – LE BROUILLAGE DES FRONTIÈRES (PAGES 138 À 157)

1. Bachelard, *op. cit.*, 1957, p. 42-43.
2. Voir p. 18.
3. Guattari, *op. cit.*, 1989, p. 12.
4. Gilles Clément, *Le Salon des berces*, Paris, Nil, 2009, p. 176.
5. *Ibid.*
6. Leopold, *op. cit.*, 2000, p. 23-24.
7. *Ibid.*, p. 23.
8. Deguy, *op. cit.*, 2012, p. 54.
9. René-Guy Cadou, "Celui qui entre par hasard", *Hélène ou le règne végétal*, in *Œuvres poétiques complètes*, t. 2, Paris, Seghers, 1973, p. 175.
10. Giono, *op. cit.*, 1935, p. 421-422.

4[E] PARTIE – LA FABRIQUE D'UN POUVOIR : LA *POÏESIS*

CHAPITRE 12 – TRAVAILLER DES LIAISONS ET DES COMBINAISONS : UN FAIRE HYBRIDE (PAGES 160 À 166)

1. Rey-Debove & Rey, *op. cit.*, 1986, p. 1192.
2. Selon Hannah Arendt, la société industrialisée invisibilise les processus de production. Voir Hannah Arendt, "Condition de l'homme moderne", in *L'Humaine Condition*, Paris, Gallimard, 2012, p. 300.
3. Guattari, *op. cit.*, 1989, p. 24.
4. Voir le chapitre 4.
5. Claude Lévi-Strauss, *La Pensée sauvage*, Paris, Plon, 1962, p. 30-31.
6. Geneviève Pruvost souligne la manière dont les gestes des habitants autonomes retissent et réconcilient les trois catégories de travail distinguées par Hannah Arendt – "l'œuvre", "le labeur" et "l'action" – mais aussi les "savoir-faire artisanaux anciens", l'"innovation artisanale contemporaine", les "arrangements ingénieux", le "bricolage", les "démarches créatives" et "l'invention de soi". Voir Pruvost, *op. cit.*, 2013, p. 5-7.
7. Jean Richepin, *Les Oiseaux de passage*, Coaraze, L'Amourier, 1997, p. 11.

CHAPITRE 13 – *"WE DON'T DIE, WE MULTIPLY"* : VISAGES D'UNE *POÏESIS* ORGANIQUE (PAGES 168 À 180)

1. Thoreau, *op. cit.*, 1960, p. 36.
2. *Ibid.*
3. Voir le chapitre 1.
4. Mikel Dufrenne, *Le Poétique*, Paris, Presses universitaires de France, 1963, p. 37. Nos italiques.
5. Voir note I p. 15.
6. Voir aussi p. 116.
7. Voir aussi chapitres 9 et 11.
8. Voir aussi les chapitres 3 et 8.
9. Voir note I p. 127.

CHAPITRE 14 – UN FAIRE ANIMISTE (PAGES 182 À 194)

1. Voir par exemple Isabelle Stengers, "Reclaiming Animism", *e-flux journal*, n° 36, juillet 2012, et Thierry Drumm, "Réintensifier les expériences animistes. David Abram et l'écologie des sens", *Écologie & politique*, vol. 51, n° 2, 2015, p. 149-157.
2. Voir par exemple la personnalité juridique attribuée en 2017 en Nouvelle-Zélande au fleuve Whanganui.
3. Voir notamment Chaïm Soutine, *Carcasse de bœuf*, huile sur toile, 156,21 × 122,55 cm, Buffalo ; New York, Albright-Knox Art Gallery, vers 1925.
4. René Descartes, *Œuvres complètes*, t. 3, *Discours de la méthode et Essais*, Paris, Gallimard, 2009, p. 118-119.
5. Abram, *op. cit.*, 2013, p. 83.

5E PARTIE – LES RÉSURRECTIONS DU VERNACULAIRE : DU POÉTIQUE AU POLITIQUE (PAGES 197 À 230)

1. Voir notamment Amina Boudjellal, "Le thème de la révolte dans les contes populaires amazighs", *Synergies Monde arabe*, n° 8, 2011, p. 9-18 qui détaille la manière dont la figure de l'ogre "est souvent assimilée au colonisateur" dans les contes chaouis, ou encore Michel Talata et François Benoit, *Le Choix de l'ogre. Rue des Harkis*, Paris, Somogy éditions, 2012.
2. Friedrich Hölderlin, *Œuvres*, traduction Michel Deguy, André du Bouchet, François Fédier, Philippe Jaccottet, Denise Naville, Gustave Roud, Robert Rovini et Jean Tardieu, Paris, Bibliothèque de la Pléiade, 1967.
3. On retrouve notamment cette idée chez Savinien de Cyrano de Bergerac qui, dans *Les États et empires de la Lune et du Soleil*, imagine un monde extraterrestre dans lequel les habitants se nourriraient d'odeurs. Voir Savinien de Cyrano de Bergerac, *Les États et empires de la Lune et du Soleil*, Paris, Champion, 2004.
4. "Derrière le prosaïque du « pouvoir d'achat » ou du « panier de la ménagère », se profile l'essentiel qui nous manque et qui donne du sens à l'existence, à savoir : le poétique. Toute vie humaine un peu équilibrée

s'articule entre, d'un côté, les nécessités immédiates du boire-sur-vivre-manger (en clair : le prosaïque) ; et, de l'autre, l'aspiration à un épanouissement de soi, là où la nourriture est de dignité, d'honneur, de musique, de chants, de sports, de danses, de lectures, de philosophie, de spiritualité, d'amour, de temps libre affecté à l'accomplissement du grand désir intime (en clair : le poétique)." In Ernest Breleur, Patrick Chamoiseau, Serge Domi, Gérard Delver, Édouard Glissant, Guillaume Pigeard de Gurbert, Olivier Portecop, Olivier Pulvar, Jean-Claude William, "Manifeste pour les « produits » de haute nécessité", *Le Monde*, 16 février 2009.

5. Patrick Chamoiseau, "Du *Manifeste* à l'urbanisme, la politique poétique se lève en Martinique", *Kaizen*, n° 20, mai-juin 2015, p. 12.

6. Silvio Guindani, "Espaces ruraux et architecture vernaculaire : un patrimoine européen ?", in Stella Ghervas et François Rosset (dir.), *Lieux d'Europe. Mythes et limites*, Paris, Maison des sciences de l'homme, 2008, p. 165-176 (165).

7. Clément, *op. cit.*, 2004, p. 23-24.

8. Le *Manuel de la transition* de Rob Hopkins est par exemple articulé en trois parties : "la tête", "le cœur", "les mains". Voir Hopkins, *op. cit.*, 2010.

9. Thoreau, *op. cit.*, 1960, p. 39. Je me réfère également ici aux analyses intéressantes de Vinciane Despret reprenant Gilles Deleuze et Félix Guattari : "le comportement territorial est avant tout expressif. Le territoire est *matière à expression*" (nos italiques). Voir Vinciane Despret, *Habiter en oiseau*, Arles, Actes Sud, 2019, p. 62.

10. Voir notamment la troisième partie de ce livre, "La fabrique de la relation : des lieux de vie qui transforment".

11. Michel de Certeau, *L'Invention du quotidien*, t. 1, Paris, Gallimard, 1980, p. xxxviii-xxxix.

12. "Le mot français de « forêt » est issu du latin « *forestare* » qui signifie littéralement « ce qui vient de l'extérieur, du dehors » ou « ce qui est étranger »". Voir Sahlins, *op. cit.*, 1994, p. 29, notre traduction.

13. Clifford Geertz, "La description dense. Vers une théorie interprétative de la culture", *Enquête,* n° 6, 1998, http://journals.openedition.org/enquete/1443

14. Breleur *et al.*, *op. cit.*, 2009.

15. Leurs savoirs et témoignages ont d'ailleurs été intégrés dans le corpus d'étude du rapport de l'IPBES. Voir Plateforme intergouvernementale

scientifique et politique sur la biodiversité et les services écosystémiques (IPBES), *Le Rapport de l'évaluation mondiale de la biodiversité et des services écosystémiques. Résumé à l'intention des décideurs*, 2019.
16. *Ibid.*, p. 32.
17. *Ibid.*
18. Karima Lazali, *Le Trauma colonial. Une enquête sur les effets psychiques et politiques contemporains de l'oppression coloniale en Algérie*, Paris, La Découverte, 2018. L'expression "fils de personne" est empruntée à Mohammed Dib.
19. Breleur *et al.*, *op. cit.*, 2009.
20. Lazali, *op. cit.*, 2018, p. 8.
21. Voir notamment Pierre Singaravélou (dir.), *L'Empire des géographes. Géographie, exploration et colonisation, XIX*e*-XX*e *siècle*, Paris, Belin, 2008 ; Daniel Clayton, "Le passé colonial/impérial et l'approche postcoloniale de la géographie anglophone", in Pierre Singaravélou (dir.), *op. cit.*, 2008, p. 219-234 et Alison Blunt et Cheryl McEwan (dir.), *Postcolonial Geographies*, New York, Continuum, 2002.
22. Yves Tavernier, "Une nouvelle administration pour l'agriculture : la réforme du ministère", *Revue française de science politique*, vol. 17, n° 5, 1967, p. 889-917 (890).
23. Pour les grands actes de l'histoire de l'accaparement et de la privatisation des biens communs des sociétés autosuffisantes, voir par exemple Renaud Duterme, *Petit manuel pour une géographie de combat*, Paris, La Découverte, 2020.
24. William R. Catton, *Overshoot. The Ecological Basis of Revolutionary Change*, University of Illinois Press, 1980, cité par Agnès Sinaï, "Les biorégions : visions réparatrices", *Institut Momentum*, 30 novembre 2021, www.institutmomentum.org/les-bioregions-visions-reparatrices/.
25. Voir Alberto Magnaghi, *Il principio territoriale*, Bollati Boringhieri, Turin, 2020, cité par Sinaï, *op. cit.*, 2021.
26. Voir notamment Derrick Jensen, *A Language Older Than Words*, Londres, Chelsea Green Publishing, 2004 : "avant de pouvoir exploiter l'autre, vous devez le réduire au silence. (...) Ce mutisme imposé est au cœur des rouages de notre culture. Ce farouche refus d'entendre les voix de ceux que l'on exploite est essentiel pour que nous les dominions". Voir également Lazali, *op. cit.*, 2018 ainsi qu'Hélène Blais qui se fait l'écho de "l'idée d'une dépossession par la saisie de l'espace (...) et par les processus de dénomination". Selon l'historien Paul Carter par exemple, "l'acte de

nommer les lieux est une manière d'amener le paysage à une présence textuelle, de le rendre familier aux Européens et, du même coup, étranger aux aborigènes". Voir Hélène Blais, "Coloniser l'espace : territoires, identités, spatialité", *Genèses*, n° 74, vol. 1, 2009, p. 145-159.

27. C'est ce qu'affirme entre autres le *Manifeste pour les "produits" de haute nécessité* qui, "face à l'absurdité coloniale", invite les Antillais à renouer avec leur "manger-pays, [leur] environnement proche et [leurs] réalités culturelles". Voir Breleur *et al.*, *op. cit.*, 2009.

28. Voir par exemple Franck Poupeau, "Des gens formidables...", *Le Monde diplomatique*, n° 692, novembre 2011, p. 20 et Gatien Elie, Allan Popelard et Paul Vannier, "Exode urbain. Exil rural", *Le Monde diplomatique*, n° 677, août 2010, p. 1-10.

29. Isabelle Stengers, *Au temps des catastrophes. Résister à la barbarie qui vient*, Paris, La Découverte, 2009.

30. Selon la formule de Jean-Pierre Dupuy dans *Pour un catastrophisme éclairé. Quand l'impossible est certain*, Paris, Seuil, 2002.

31. Voir Rey-Debove & Rey, *op. cit.*, 1986, p. 609.

32. Morin, *op. cit.*, 1983.

33. Vian, *op. cit.*, 1962, p. 54-57.

34. Certeau, *op. cit.*, 1980.

35. *Ibid.*, p. xxxviii-xxxix.

36. *Ibid.*, p. xlvi.

37. Barthes, *op. cit.*, 1972, p. 11.

38. Isidore de Séville, *Etymologiae*, Paris, Les Belles Lettres, 2010, p. 630.

39. Alexander Gottlieb Baumgarten, *Esthétique* précédée des *Méditations philosophiques sur quelques sujets se rapportant à l'essence du poème* et de la *Métaphysique*, Paris, L'Herne, 1988.

40. Pour une description plus détaillée de cet épisode, voir Clara Breteau, "Prospérité sans croissance : la vie démocratique au défi du poétique", *Institut Momentum*, 3 janvier 2016, https://www.institutmomentum.org/prosperite-sans-croissance-la-vie-democratique-au-defi-du-poetique/

41. Comme le rappellent Bertrand Hervieu et Danièle Léger, le développement des communautés, dans les années 1968-1971, "est la conséquence directe du fait que, dès l'été suivant Mai 68, "quittaient la scène les organisations et courants (situationnistes, Mouvement du 22 mars, Vive la révolution !, etc.) qui avaient tenté d'intégrer la révolte culturelle à la lutte politique". Voir Hervieu et Léger, *op. cit.*, 1979, p. 40.

42. Jacques Rancière, *Le Partage du sensible*, Paris, La Fabrique, 2000.
43. Miguel Torgua, *L'universel, c'est le local moins les murs*, Paris, William Blake & Co., 1994.
44. "[Le libéralisme économique] s'est emparé de la planète, il pèse sur la totalité des peuples, et il préside dans tous les imaginaires – non à une épuration ethnique, mais bien à une sorte « d'épuration éthique » (entendre : désenchantement, désacralisation, désymbolisation, déconstruction même) de tout le fait humain" in Breleur *et al.*, *op. cit.*, 2009.
45. Dupuy, *op. cit.*, 2002.
46. Félix Guattari, "Pour une refondation des pratiques sociales", *Le Monde diplomatique*, n° 463, octobre 1992, p. 26-27.
47. René Char et Pablo Picasso, *La Provence Point Oméga*, affiche, février 1966, http://referentiel.nouvelobs.com/archives_pdf/OBS0077_19660504/OBS0077_19660504_023.pdf
48. Léna Balaud et Antoine Chopot, "Nous ne sommes pas seuls. Les alliances sylvestres et la division politique", intervention à la semaine *Greffer de l'ouvert. Matériaux pour des écoles de la terre*, organisée à la ferme de Lachaux, du 28 août au 1er septembre 2017.
49. *Ibid*. Voir aussi Natasha Myers, "Photosynthèse", *Terrestres*, 10 juillet 2019, https://www.terrestres.org/2019/07/10/photosynthese/
50. Balaud & Chopot, *op. cit.*, 2017.
51. *Ibid.*
52. Duterme, *op. cit.*, 2020.
53. Voir Sinaï, *op. cit.*, 2021 ou encore Mathias Rollot et Marin Schaffner, *Qu'est-ce qu'une biorégion ?*, Marseille, Wildproject, 2021.

BIBLIOGRAPHIE

David Abram, *Comment la terre s'est tue. Pour une écologie des sens*, Paris, La Découverte, 2013.

Anonyme, "Ce dimanche 22 avril, à 14h, le Taslu appelle les troupes de l'imaginaire à se mobiliser", *NADIR, site internet de la ZAD de Notre-Dame-des-Landes*, mercredi 18 avril 2018.

Anonyme, "Lettre du 16 mai 2018", *page Facebook de Nantes Révoltée*, consultée le 16 mai 2018.

Hannah Arendt, "Condition de l'homme moderne", in *L'Humaine Condition*, Paris, Gallimard, 2012.

Gaston Bachelard, *La Poétique de l'espace*, Paris, Presses universitaires de France, 1957.

Jean-Christophe Bailly, *L'Élargissement du poème*, Paris, Christian Bourgois, 2015.

Léna Balaud et Antoine Chopot, "Nous ne sommes pas seuls. Les alliances sylvestres et la division politique", intervention à la semaine *Greffer de l'ouvert. Matériaux pour des écoles de la terre*, organisée à la ferme de Lachaux, du 28 août au 1er septembre 2017.

Roland Barthes, *Le Degré zéro de l'écriture*, Paris, Seuil, 1972.

—, *Le Plaisir du texte*, Paris, Seuil, 1973.

Alexander Gottlieb Baumgarten, *Esthétique* précédée des *Méditations philosophiques sur quelques sujets se rapportant à l'essence du poème* et de la *Métaphysique*, Paris, L'Herne, 1988.

Hélène Blais, "Coloniser l'espace : territoires, identités, spatialité", *Genèses*, n° 74, vol. 1, 2009, p. 145-159.

Alison Blunt et Cheryl McEwan (dir.), *Postcolonial Geographies*, New York, Continuum, 2002.

Yves Bonnefoy, *Les Planches courbes*, Paris, Mercure de France, 2001.

Amina Boudjellal, "Le thème de la révolte dans les contes populaires amazighs", *Synergies Monde arabe*, n° 8, 2011, p. 9-18.

Ernest Breleur, Patrick Chamoiseau, Serge Domi, Gérard Delver, Édouard Glissant, Guillaume Pigeard de Gurbert, Olivier Portecop, Olivier Pulvar, Jean-Claude William, "Manifeste pour les « produits » de haute nécessité", *Le Monde*, 16 février 2009.

Clara Breteau, "Prospérité sans croissance : la vie démocratique au défi du poétique", *Institut Momentum*, 3 janvier 2016, https://www.institutmomentum.org/prosperite-sans-croissance-la-vie-democratique-au-defi-du-poetique/

René-Guy Cadou, “Celui qui entre par hasard”, *Hélène ou le règne végétal*, in Œuvres poétiques complètes, t. 2, Paris, Seghers, 1973.

Fritjof Capra, *La Toile de la vie. Une nouvelle interprétation scientifique des systèmes vivants*, Monaco, Éditions du Rocher, 2003.

William R. Catton, *Overshoot: The Ecological Basis of Revolutionary Change*, University of Illinois Press, 1980.

Michel de Certeau, *L'Invention du quotidien*, t. 1, Paris, Gallimard, 1980.

Patrick Chamoiseau, “Du manifeste à l'urbanisme, la politique poétique se lève en Martinique”, *Kaizen*, n° 20, mai-juin 2015.

René Char et Pablo Picasso, *La Provence Point Oméga*, affiche, février 1966.

Bruce Chatwin, *Le Chant des pistes*, Paris, Grasset, 1988.

Delphine Chauffaut et Élodie David, La Notion d'autonomie dans le travail social, Cahier de recherche n° 186, Paris, Crédoc, 2003.

Agatha Christie, *Une autobiographie*, Paris, Éditions du Masque, 2006.

Gilles Clément, *Manifeste du Tiers paysage*, autoédition, 2004, disponible en ligne sur : http://www.biodiversiteetbati.fr/Files/Other/DocComplGTBPU/F05-ManifesteTiersPaysage-GClement.pdf

—, *Le Salon des berces*, Paris, Nil, 2009.

Jean Cocteau, *La Belle et la Bête*, Paris, Les Films André Paulvé, 1946.

Michel Collot, “De la géopoétique”, in Augustin Berque, Alexia de Biase et Philippe Bonnin (dir.), *L'Habiter dans sa poétique première. Actes du colloque de Cerisy-la-Salle*, Paris, Donner Lieu, 2008.

Savinien de Cyrano de Bergerac, *Les États et empires de la Lune et du Soleil*, Paris, Champion, 2004.

Stig Dagerman, *Notre besoin de consolation est impossible à rassasier*, Arles, Actes Sud, 1989.

Michel Deguy, *Écologiques*, Paris, Hermann, 2012.

Jacques Derrida, *La Dissémination*, Paris, Seuil, 1972.

René Descartes, *Œuvres complètes, t. 3, Discours de la méthode et Essais*, Paris, Gallimard, 2009.

Vinciane Despret, *Habiter en oiseau*, Arles, Actes Sud, 2019.

Rick Dolphijn et Iris Van der Tuin (dir.), *New Materialism. Interviews & Cartographies*, Ann Arbor, Open Humanities Press, 2012.

Mary Douglas, *De la souillure. Essai sur les notions de pollution et de tabou*, Paris, Maspero, 1971.

Thierry Drumm, "Réintensifier les expériences animistes. David Abram et l'écologie des sens", *Écologie & politique*, vol. 51, n° 2, 2015, p. 149-157.

Colette Duflot, "Handicaps, inadaptations sociales : de l'isolement à l'autonomie, quels dispositifs institutionnels ?", in Armand Touati (dir.), *Autonomie : construction et limites*, Marseille, Hommes et perspectives, 1991, p. 67-77.

Mikel Dufrenne, *Le Poétique*, Paris, Presses universitaires de France, 1963.

Jacques Dupâquier, "Le plein rural en France", *Espace, populations, sociétés*, n° 20, 1989, p. 349-356.

Jean-Pierre Dupuy, *Pour un catastrophisme éclairé. Quand l'impossible est certain*, Paris, Seuil, 2002.

Renaud Duterme, *Petit manuel pour une géographie de combat*, Paris, La Découverte, 2020.

Gatien Elie, Allan Popelard et Paul Vannier, "Exode urbain. Exil rural", *Le Monde diplomatique*, n° 677, août 2010, p. 1-10.

Michel Foucault, "Des espaces autres", *Empan*, vol. 2, n° 54, 2004, p. 12-19.

Félix Gaffiot (dir.), *Dictionnaire Gaffiot latin-français*, Paris, Hachette, 2000.

Jean-Philippe Gagnon, *Le Sujet du dehors : paysages sémantiques, corps de la nature et physique de la parole chez Jacques Dupin et John Montague*, thèse de doctorat, université Nice Sophia Antipolis / université du Québec à Montréal, 2015.

Clifford Geertz, "La description dense. Vers une théorie interprétative de la culture", *Enquête*, n° 6, 1998, http://journals.openedition.org/enquete/1443

Alfred Gell, *L'Art et ses agents, une théorie anthropologique*, Dijon, Les Presses du Réel, 2009.

Stella Ghervas et François Rosset (dir.), *Lieux d'Europe. Mythes et limites*, Paris, Maison des sciences de l'homme, 2008, p. 165-176.

Jean Giono, *Que ma joie demeure*, Paris, Bernard Grasset, 1935.

Cheryll Glotfelty et Harold Fromm (dir.), *The Ecocriticism Reader: Landmarks in Literary Ecology*, Athens/Londres, University of Georgia Press, 1996.

Félix Guattari, *Les Trois Écologies*, Paris, Galilée, 1989.

Félix Guattari, “Pour une refondation des pratiques sociales”, *Le Monde diplomatique*, n° 463, octobre 1992.

Martin Heidegger, *Essais et conférences*, Paris, Gallimard, 1958.

Bertrand Hervieu et Danièle Léger, *Le Retour à la nature. “Au fond de la forêt… l'État”*, Paris, Seuil, 1979.

Jesper Hoffmeyer, *Biosemiotics: An Examination into the Signs of Life and the Life of Signs*, Scranton, University of Scranton Press, 2008.

Friedrich Hölderlin, *Œuvres*, traduction Michel Deguy, André du Bouchet, François Fédier, Philippe Jaccottet, Denise Naville, Gustave Roud, Robert Rovini et Jean Tardieu, Paris, Bibliothèque de la Pléiade, 1967.

Friedrich Hölderlin, “En bleu adorable”, traduction André du Bouchet in *Œuvres*, Paris, Bibliothèque de la Pléiade, 1977.

Rob Hopkins, *Manuel de transition. De la dépendance au pétrole à la résilience locale,* Montréal, Écosociété, 2010.

—, *The Power of Just Doing Stuff*, Cambridge, Green Books, 2013.

Roman Jakobson, *Essais de linguistique générale*, Paris, Éditions de Minuit, 1963.

Derrick Jensen, *A Language Older Than Words*, Londres, Chelsea Green Publishing, 2004.

Eduardo Kohn, *Comment pensent les forêts*, Bruxelles, Zones Sensibles, 2017.

Karima Lazali, *Le Trauma colonial. Une enquête sur les effets psychiques et politiques contemporaines de l'oppression coloniale en Algérie*, Paris, La Découverte, 2018.

Timothy M. Lenton *et al.*, “Climate tipping points – too risky to bet against”, *Nature,* n° 575, novembre 2019, p. 592-595.

Aldo Leopold, *Almanach d'un comté des sables*, Paris, Garnier-Flammarion, 2000.

Claude Lévi-Strauss, *La Pensée sauvage*, Paris, Plon, 1962.

Henry Liddell, Robert Scott et Henry Stuart Jones, *A Greek-English Lexicon*, Oxford, Oxford University Press, 1996.

Alberto Magnaghi, *Il principio territoriale*, Bollati Boringhieri, Turin, 2020.

Stéphane Mallarmé, “Le vierge, le vivace et le bel aujourd'hui”, *Poésies*, Paris, Flammarion, 1983.

Nicole Mathieu *et al.*, "Habiter le dedans et le dehors : la maison ou l'Éden rêvé et recréé", *Strates*, n° 11, 2004.

Humberto Maturana et Francisco Varela, *Autopoiesis and Cognition: The Realization of the Living*, Dordrecht/Boston, D. Reidel, 1980.

Edgar Morin, *Commune en France. La métamorphose de Plodémet*, Paris, Fayard, 1967.

—, "La nature de la nature", in *La Méthode*, Paris, Seuil, 1977.

—, "Science, poésie, société", *Détours d'écriture*, n° 5/6, janvier 1983.

Musée d'Art moderne de la ville de Paris, *Hubert Duprat* (catalogue d'exposition), Paris, Paris-Musées, 2020.

Natasha Myers, "Photosynthèse", *Terrestres*, 10 juillet 2019, https://www.terrestres.org/2019/07/10/photosynthese/

Jacques Nichet, *La Guerre des Demoiselles*, Paris, Adria Films, 1983.

Pierre Hubert Nysten (dir.), *Dictionnaire de médecine, de chirurgie, de pharmacie, des sciences accessoires et de l'art vétérinaire*, Paris, J. S. Chaudé, 1833.

Serge Pey, *Poésie publique, poésie clandestine – poèmes 1975-2005*, Bègles, Le Castor Astral, 2006.

Jean-Claude Pinson, *Habiter en poète*, Seyssel, Champ Vallon, 1995.

Plateforme intergouvernementale scientifique et politique sur la biodiversité et les services écosystémiques (IPBES), *Rapport de l'évaluation mondiale de la biodiversité et des services écosystémiques. Résumé à l'intention des décideurs*, 2019.

Franck Poupeau, "Des gens formidables…", *Le Monde diplomatique*, n° 692, novembre 2011, p. 20.

Jacques Prévert, "Pour faire le portrait d'un oiseau", *Paroles*, Paris, Gallimard, 1945, p. 184-185.

Geneviève Pruvost, "L'alternative écologique. Vivre et travailler autrement", *Terrain*, n° 60, 2013, p. 36-55.

Georges-Hubert de Radkowski, *Anthropologie de l'habiter. Vers le nomadisme*, Paris, Presses universitaires de France, 2002.

Jacques Rancière, *Le Partage du sensible*, Paris, La Fabrique, 2000.

Alain Rey (dir.), *Dictionnaire historique de la langue française*, Paris, Le Robert, 2006.

Josette Rey-Debove et Alain Rey (dir.), *Dictionnaire Le Petit Robert*, Paris, Le Robert, 1986.

Jean Richepin, *Les Oiseaux de passage*, Coaraze, L'Amourier, 1997.

Renaud de Rochebrune et Benjamin Stora, *La Guerre d'Algérie vue par les Algériens, tome 2. De la bataille d'Alger à l'Indépendance*, Paris, Denoël, 2016.

Mathias Rollot et Marin Schaffner, *Qu'est-ce qu'une biorégion ?*, Marseille, Wildproject, 2021.

Peter Sahlins, *Forest Rites. The War of the Demoiselles in Nineteenth-Century France*, Londres, Harvard University Press, 1994.

Jeanine Salesse, "Terres en souffrances", in *La Poésie est dans la rue. 101 poèmes protestataires pour aujourd'hui*, Pantin, Le Temps des cerises, 2008, p. 217-218.

Erwin Schrödinger, *Qu'est-ce que la vie ? De la physique à la biologie*, Paris, Seuil, 1993.

Michel Serres, "Préface", in Jean-Marc Drouin, *Réinventer la nature. L'écologie et son histoire*, Paris, Desclée de Brouwer, 1991, p. 9-17.

Isidore de Séville, *Etymologiae*, Paris, Les Belles Lettres, 2010.

Gilbert Simondon, *Du mode d'existence des objets techniques*, Paris, Aubier, 1958.

Agnès Sinaï, "Les biorégions : visions réparatrices", *www.institutmomentum.org*, 30 novembre 2021.

Pierre Singaravélou (dir.), *L'Empire des géographes. Géographie, exploration et colonisation, XIXe-XXe siècle*, Paris, Belin, 2008.

Jean-François Soulet, *La Vie quotidienne dans les Pyrénées sous l'Ancien Régime. Du XVIe au XVIIIe siècle*, Paris, Hachette, 1974.

Isabelle Stengers, *Au temps des catastrophes. Résister à la barbarie qui vient*, Paris, La Découverte, 2009.

Isabelle Stengers, "Reclaiming Animism", *e-flux journal*, n° 36, juillet 2012.

Michel Talata et François Benoit, *Le Choix de L'Ogre*. Rue des Harkis, Paris, Somogy éditions, 2021.

Jean Tardieu, "Suite mineure", in *Le Fleuve caché*, Paris, Gallimard, 1968.

Yves Tavernier, "Une nouvelle administration pour l'agriculture : la réforme du ministère", *Revue française de science politique*, n° 5, 1967, p. 889-917.

Henry David Thoreau, *Walden or Life in the Woods*, Londres / New York / Toronto, Oxford University Press, 1906.

Miguel Torgua, *L'universel, c'est le local moins les murs*, Paris, William Blake & Co., 1994.

Nicolas Truong, "Le tournant écopolitique de la pensée française", *Le Monde*, 2 août 2020.

Jakob von Uexküll, *Mondes animaux et monde humain* suivi de *La Théorie de la signification*, Paris, Denoël, 1965.

Boris Vian, "Si les poètes étaient moins bêtes", in *Je voudrais pas crever*, Paris, Jean-Jacques Pauvert, 1962, p. 54-57.

Frédéric Vidal, *J'ai choisi le point de vue de la poésie*, long-métrage documentaire de 2 h 30 mn, produit par Aime le mot dit / La Parole Errante / Alhambra Cinémarseille, 2002.

CRÉDITS DES CITATIONS

DANS LA MÊME COLLECTION

YANOMAMI, L'ESPRIT DE LA FORÊT, Bruce Albert et Davi Kopenawa, 2022.
KOGIS, LE CHEMIN DES PIERRES QUI PARLENT, Éric Jullien, 2022.
UYAINIM, MÉMOIRES DE FEMME JIVARO, Hélène Collongues, 2022.

Ouvrage réalisé
par l'atelier graphique Actes Sud
reproduit et achevé d'imprimer
en août 2022
par Normandie Roto Impression s.a.s.
à Lonrai
pour le compte des éditions
Actes Sud
Le Méjan
place Nina-Berberova
13200 Arles

Dépôt légal
1re édition : septembre 2022
n° impr. : 2202947
(Imprimé en France)